你的无能为力，大多是没有拼尽全力

李清军 / 著

北京工艺美术出版社

图书在版编目（CIP）数据

你的无能为力，大多是没有拼尽全力/李清军著．— 北京：北京工艺美术出版社，2018.4

（励志·坊）

ISBN 978-7-5140-1224-8

Ⅰ.①你… Ⅱ.①李… Ⅲ.①人生哲学－通俗读物 Ⅳ.①B821-49

中国版本图书馆CIP数据核字（2017）第041341号

出 版 人：陈高潮
责任编辑：赵震环
封面设计：天下装帧设计
责任印制：宋朝晖

你的无能为力，大多是没有拼尽全力

李清军 著

出　版	北京工艺美术出版社
发　行	北京美联京工图书有限公司
地　址	北京市朝阳区化工路甲18号 中国北京出版创意产业基地先导区
邮　编	100124
电　话	（010）84255105（总编室） （010）64283630（编辑室） （010）64280045（发　行）
传　真	（010）64280045/84255105
网　址	www.gmcbs.cn
经　销	全国新华书店
印　刷	三河市天润建兴印务有限公司
开　本	710毫米×1000毫米　1/16
印　张	18
版　次	2018年4月第1版
印　次	2018年4月第1次印刷
印　数	1～6000
书　号	ISBN 978-7-5140-1224-8
定　价	39.80元

目录

CONTENTS

part 01

有多幸运，就有多努力

part 02

不要让你的“野心”配不上你的才华

目录

CONTENTS

part 03

别一步一步走向平庸

part
04

谁的生活不是一地鸡毛

目录

CONTENTS

part 05

你最大的敌人就是你自己

有多幸运，就有多努力

我们想看到奇迹，

想不想成为新的奇迹？

去拼尽全力吧！

生活万般可能，由你决定

我很荣幸能在今天分享你们的成就和荣耀。但是我必须承认，我是带着一些不安来参加这次活动的。我的发言会尽量简短而实用。我的全部建议都来自于我自己的经历。而我的经历，从很多方面来看，和你们当中的很多并没有什么不同。

在我成长的环境中，上大学更多是一个美好愿望而不是理所当然的事情。我见证我父母大半生的奋斗，每天为了生计而努力工作，有时甚至会打消任何他们对我的期望和梦想。他们都没有上过大学，我唯一的兄长也没有读过大学。

我的父亲在邮局整理邮件，他选择夜班工作只是因为报酬比白班多了10%。我的母亲是一个防盗警报公司的接待员。我在林登小区长大，你们当中的很多都知道，这是纽约东区的一个住宅项目。

它一直都是一个贫穷的社区，但是也产生了一些有成就的人，有些是因为这一背景而成功，有些是因为克服了这一背景而做出了成绩。我在托马斯-杰斐逊高中毕业，学校在之后关闭了高中部，仅仅提供多种技能培训项目。直到高中毕业，我一直和我庞大的家庭分享一间小小的公寓，包括我的奶奶，我的妹妹和我的侄儿。

但是回过头看看，我是在一个有着无限机遇的世界长大的。我每天晚上都会读书，阅读向我展开了整个世界。我喜欢读历史，尤其是传记。在传记里面，你总是能看到一个似乎是无足轻重的人，最终如何拥有与众不同的人生。

不管是过去还是现在，传记最吸引我的一点是，书中的人物在自己生命的初期，也就是前五十页当中，是不会知道在第三百页的时候取得的成功。

仔细想想这点吧，这是对你们自己未来的生活保持乐观的一个极好理由。你们现在仅仅在自己那本传记的前五十页，还有几百页的路要走。

在漫长的成长中，我最大的目标就是走出纽约东区。我参加了大学入学考试，发誓一定要进大学。我成功了。我去读大学的时候也是我第一次离开纽约市。

大学是一个令我心生敬畏的地方。其他学生似乎充满信心，很多人曾到处旅行，看起来对这个世界十分了解。直到今天，我还是没有办法忘记当时的不安全感，但是这种感觉让我更加努力地工作。

当我认识到自己的定位时，我变得更有“野心”了。野心是你内心的声音，告诉你可以而且应该努力去超越人生的处境或者是限制。你必须克服障碍，扛住压力，打消自我怀疑。

你想要为了你的家人以及你自己而成功，除了通过教育和学习，没有什么更强大的力量能做到这一点。

我很自豪的是，拉瓜迪亚社区大学和高盛集团联手提出了对小企业的支持。通过这项合作，我看到了很多拉瓜迪亚社区大学的学生在学校、工作和家庭中游刃有余。我也看到了这些同学，还有在座的所有人如何不断勉励自己，而且持之以恒下去。

仅仅是今天能够出现在这里，你们已经证明了自己的定位。现在你们已经有了定位，接下来就去壮大自己的野心。这意味着专注，自律，严格，自我批判和开放的心态。事实上，你们要面对的挑战不会消失，而会更加严峻。

我的朋友们，这就是生活。但是奋斗越是艰辛，回报也会更加丰厚。用另一个方式看问题：问问你自己，你是不是真的有选择。当你们走进拉瓜迪亚社区大学的第一天，你们已经知道了这个问题的答案。我们必须为了自己的家庭和自己而不断努力。

现在显然不是最好的经济时期，但是经济总是有周期的。在你们人生的下一个五十年，你们会经历很多周期，和这次一样，你们能够顺利度过。不要有任何不切实际的乐观或者是过分的悲观。

尽管如此，世上还会发生许多不测，带来巨大影响。你们的安全感来自于知道如何做各种各样的事情——而且比其他人做得都要好。

而只有不断追求卓越，才能获得这些知识和能力。这意味着改变职业道路或者追求目前职业新的想法、新策略。不管是哪种情况，你都应该逼迫自己尝试新的事物，在每一步中成长。

读完大学，我在法学院度过了三年，之后在一间大的纽约律师事务所得到了自己梦想中的工作。虽然这曾一直是我的梦想，但是当我得到时，我发现我并不喜欢它。

虽然在我人生中，我第一次在财务上获得了保障，但是我知道我对我自己做的那些事情并没有足够激情。而且，因为我并不爱的工作，我将永不可能从中得到满足，或者是真的擅长这份工作。更爱这种工作的人会更积极地专注于它。对有些人来说，这是乐趣，对我来说，这永远是一份苦差。

在五年的律师事务所工作之后，我决定要尝试一些不同的东西。我回家告诉我的妻子我要辞职，她哭了，而且不是因为高兴。不管怎么说，事情还算顺利，我在华尔街的一家小企业中找到了新的工作，之后它被更大的企业收购，我也得以进入这个更大的机构，即高盛集团。

在我的职业生涯中，我很幸运能够认识，并且与很多全国顶级的首席执行官以及商界领袖们共同工作。我总是能够被造就他们成功的那种激情所打动。他们也许非常有钱，权势惊人，但是他们的激情远远超越了金钱和权力。

今天我在这里不是要告诉你们金钱和权力的坏处。只要你的头脑中有一个更大目标，钱与权相当有益。如果你对自己的工作没有激情，或者是没有动力为你的孩子打造比你自己更好的人生，那么你就不会有那些让你持续前进的东西。

所以，我想给你们一些更加具体的建议，希望能够让你们继续前进。

首先，信心真的很重要。

要认识到你已经赢得了自信。你们中的绝大多数都是付出了巨大的牺牲，克服了巨大的障碍才有了现在的成就。你们有其他起步更早的人所没有的能力，这些能力将会在你们的余生为你们效力。

我进入大学并读完它的努力最终成为我的一个优势。你曾有的不足已成为你个人经历和职业纪录的历史，它们都会在之后的人生中变成你的优势。所以，你们有理由充满信心。

第二点，找到一个你喜欢的工作。

你会做得更好，而且做得更长。虽然是这样说，在一个艰难的经济形势下，需要因为家庭压力做出一些让步，你并不是总能够在职业选择上承担风险。而且，毫无疑问的是，我们将会有很多次的妥协。

但是，不要让一时的必要选择成为一生惯性的借口。要不断试图让自己走到正确的地方。如果我继续做一名律师，我可能会干得还不错，但是我不会辉煌，因为我并不爱这个工作。

第三点，做一个全面、完整的人。

你们中的很多人会继续接受教育或者是职业培训。学习维持生计必需的东西当然是很重要的。但是不要忘了阅读，学习历史、文化以及时事。

你会变得更吸引人、更加有趣，会在你的工作上更加成功。我读过的绝大部分书对我的工作甚至这个行业都没有直接的用处，但是书中的经验教训总会以意想不到的方式发挥作用。

第四点，参与社区活动。

找到可以让你感到自豪的贡献方式，为你的孩子树立榜样。谋生并不是生活，只是达到目的的一个手段，而不是目的本身。你需要为自己感到自豪。总会有人需要为生计努力，对他们来说社区工作并不是一个现实的选择，但是请努力尝试。

在过去的岁月里我做了很多事情来让自己进步。但是年纪越大，我越来越能够从服务和帮助他人进步中得到满足。事实上，我最初结识麦罗校长和拉瓜迪亚社区大学就是因为我们共同发起的这个10000家小企业项目。

最后，要明白人生是不可预测的，所以不要自我设限。

试试和那些一样具有野心的人为伍，让你置身于可以成长的环境中——那种你不仅仅可以让自己进步，其他人也会推动你前进的环境。

一个从贫困小区长大的孩子掌管世界上最大金融机构的机会有多大？你永远也不会知道。不可预测性是生活最伟大的一点。你改变，这个世界也在改变。

你们生活在一个仍然拥有得天独厚机会的国家。让你自己对无限可能的世界敞开胸怀。你们有野心，你们有智慧和坚韧，所以，请翻开自己的传记——你们已经打开了人生的新篇章。

祝你们和你们的家人好运，也祝贺你们和你们的家人。

才没有那么多好运，不过是一直努力罢了

此前，我去参加了一个职业技能的培训，上课的何老师是北京一个非常出色的创业者。两周后，何老师再次来到深圳的一家知名企业上课，我被他的团队成员请来协助他为上课做一些准备。其实当天并没有做太多事，只是稍微布置一下现场、发放一下资料。

课后和该企业工作人员交流时，他们其中一个负责人很好奇地问我："据说何老师在深圳的学员至少有100人，为什么选你来做助教呢？"言下之意似乎是说，他们可是花了大价钱请到这位老师的，而我免费地听了一堂价值不菲的课。我客气地回答她说："可能是我运气比较好吧。"

"可能是运气比较好吧。"这句话并不是我发明的。

第一次听到这句话，是我还在做外贸的时候，是我所在的香港外贸公司老板的合伙人艾先生常说的一句话。他在短短五年的时间里，从一个普通的外贸业务员成了当时公司的合伙人，同时也是行业内小有名气的人物。每当外人称颂这些经历时，他总会低调地说："可能是我运气比较好吧。"

我抱着沾沾"好运"的心态去应聘，成了他的员工，发现他并不像"运气"太好的人。艾先生不到170厘米的身高，并不突出的长相，在平常的生活中，是一个极容易被忽略的人。但和他共事才发现，他是一个思维敏捷、知识丰富、工作能力极强的人。他的英语跟中文说得一样顺畅，公司做的订单从客户到工厂流程全部一清二楚。

当年，公司的一个潜在英国客人要来中国参加展会，顺便想看看我们公司的产品。这个英国客人是英国零售大户，在伦敦有数家家居超市。“如果跟他建立了长期的合作关系，我们公司的出口额将会增长200%，那意味着产品利润的相应上涨。”艾先生兴奋地说。

整个团队都十分紧张，又期盼着这次会谈，但艾先生看起来还是一副镇定自若的样子，除了检查每一个开会用的样品，其他时间都埋头在办公室里写资料。

终于到了会面的一天，大家焦急地等待着艾先生和客人从机场到来。一个下午的会议进展得十分顺利，从样品的展示到后续合作的细节，都迅速地达成共识。在谈着公事的同时，艾先生还用一口的伦敦英语跟客人不时谈一些关于早上如何跑步、喜欢哪些美食的事，听起来像是熟悉的朋友一样。

合作出乎意料地成功。在和艾先生一起送走客人的路上，我迫不及待地想知道他谈判成功的原因。看着他一副胸有成竹的样子，我抢着说道：“这一次，一定不是运气好的原因。”

“小姑娘，看来你有进步了。”他一边大笑着回答，一边顺手拿了车里的一叠资料给我。

资料全部是英文的，第一本是关于客户公司一些产品在英国的销售情况，甚至还有英国的天气情况。第二本是这次来的客户产品总监的博客资料，里面记录着一些客人时常早上出去跑步的内容，还有一些关于美食的文章。第三本是我们公司针对客人以往销售产品的新品推荐，根据英国气候而特定的一些产品的改良。第四本是在去接客人的前一周，做的一份详细的路线图和会面行程图。内容包括：我们接客人的位置，从机场到酒店的距离及所需时间，所住的酒店有哪些好吃的东西，等等。末了，还推荐了酒店不远处的海边一个可以看日出的极佳跑步地点。

看到这份资料时，我惊呆了，心想，换作我是客人，也一定会跟他合作。我跟艾先生说出了我的想法，他笑而不语。接着，他交代我回去之后，要马上发一封邮件，把今天我们会议讨论的合作内容纪要发给客人，同时告诉他接下来我们的工作安排。我连忙记录了下来。

在路上，我还是很好奇这次“成功”的合作是如何产生的。艾先生跟我说，这些资料都是在他平时收集来的。在两年前，他知道这家公司时，就进行了认真研究。当时，我们的产品和生产配套离他们的市场需求有一些差距，在这段时间，他一边想办法改进我们的生产能力和产品设计，一方面留意客人的销售动向。一年多的时间，他终于觉得机会来了，就完成了这次谈判。

“那跑步跟美食是怎么回事呢？”我接着问道。

“光了解公司动向还不够啊，当然也要了解跟我们谈合作的人嘛。就算他是财大气粗的产品总监，还是喜欢有人关注他，并跟他有一样的兴趣爱好的。”

“那你流利的伦敦英语又是怎么回事呢？”我准备一个个解开自己的疑问。

“你一定听说过马云练英语在杭州的酒店找老外说话的故事。我练英语也是模仿他的。当年我刚开始工作时，这个小城市外贸事业发展迅速，大批外国人来这里找工厂，但是这里好多酒店的服务员并不懂英语，无法交流。于是我在空余时间免费去做翻译，跟外国人交流，和服务员一起到机场接客送客也是常事。”他说到这里，我才知道为什么他能那么清楚地知道机场的地形及各个酒店的特点。

李笑来在他的一本书里提到，他在新东方做老师时，经常被人夸奖说他在台上的随机应变能力强。李老师在书中说，其实他们搞错了，他的应变能力差极了。他之所以“显得”游刃有余，是因为之前做过太多准备。

在做任何一次讲演之前，他都花费很多时间认真考虑每个观点、每件事例，甚至每个句子引发什么样的理解和反应，然后逐一制订相应对策。每一次出场的良好表现似乎是因为运气好，但事实是这些准备让他得到更多的机会。

记得当天，何老师上完课后发了一条微博说："作为一个做职业教育的，只懂互联网是不行的，还得花时间研究教学课件，到不同城市的课堂上，如果自己都不懂教学，拿什么创新？拿什么做平台？"何老师也是一个看起来"运气"比较好的人，但是，我相信他在讲台上说的每一句，PPT里每一个字，都是练过百次的。

我的好运，艾先生的好运，以及李笑来何老师的好运，都是以同样的方式而来。

"我可能是运气比较好吧。"

当下次有人跟你这样说时，你一定要相信这是真的。

你认真在做的每件事都会带来“小确幸”

蔡康永说：你15岁觉得游泳难，放弃游泳，18岁遇到一个你喜欢的人约你去游泳，你只好说“我不会”。18岁觉得英文难，放弃英文，28岁出现一个很棒但要会英文的工作，你只好说“我不会”。

或许你喜欢的人不一定喜欢游泳，你喜欢的工作可能也不需要你会英文。但倘若你真的遇上了，你会感谢当年的小认真，体会此时的“小确幸”。

[小认真]

大三那年特别想去远一点的地方旅行，缺钱，在招聘网站上看到一家公司招兼职论文写手，从没写过论文的人敢于拿出去“卖才”，就必须认真。每天一有空就抱着电脑敲字，各种专业的毕业论文、期刊论文，啥都写，动辄几千字，就连出去旅行，晚上回到宾馆还要接着写，毫不夸张地说，差点写到吐。但在这条路上，我掌握了一定的“技巧”，于是紧接着又找了个写剧本的活儿，也是初次尝试，所以是各种削脑使力，还好在编辑姐姐的帮助下，基本掌握了写作技巧。

[小确幸]

没想到时隔两年，工作之后，省里恰好有个论文比赛，我花了2个小时就轻松搞定一篇专业论文，被同事推荐去参赛，恰好获奖。

前不久朋友问我会不会写剧本，正好他手上有个微电影缺剧本，我一想，正好会，于是接了下来，晚上加个班就解决了，微电影拍出来后，陆续又有编辑找我写故事。突然觉得，原来为了某个很小的目的认真去做一件事情、学习新的技能，在未来，这项技能还可以带来其他方便啊，有点前“年”栽树，后“年”乘凉的意思。

有人喜欢说造化这个词，在他们看来人生中机缘巧合的事都是造化使然，但我们心里都清楚，遇见机会是造化，抓住机会绝对不是巧合，在之前的人生，是你自己给自己添了一盏灯，才有后来处于黑暗时正好亮起的一束光。

我们常常抱怨努力了还是看不到结果，那是因为，并不是所有事情都会有立竿见影的效果。你今年读了100本书，到了年底，你不会成为知名作家，但那些书潜移默化地影响了你的人生观、世界观，在未来的日子里，在你的言辞、决定之间都会体现。

或者等你某天真地拿起笔时，会猛然发现，你笔下的文字并不是空洞无趣的，那时候，你会感谢那个曾经读了100本书的自己。喜欢什么，想要什么，就从现在开始，认真去做吧，千万不要什么都不做，在原地干着急，也千万不要小看自己的努力，也许某一天，它会结出意想不到的果实。

想要有颜面地活着，你需足够努力

人活在当下，也不过短短几十年，我不想让我的青春直接走向死亡。我可以拼命，我可以失败，可是我不能眼睁睁看着岁月就这样无情流走。

我不求白发苍苍，年过花甲的时候能安泰晚年，至少我能给我的一生一个交代，而不是碌碌无为。

[1]

我前几年认识了一个姑娘，比我大两岁，应该算是我的学姐。

那时候我跑去上海，整天奔波在路上，想在暑假找份工作，挣点学费。

我们是在公司里打上交道的，因为小领导欺负我们是外来的，总会再三刁难我们。

有苦要往肚子里吞，就怕万一闹掰了连工资都拿不到，毕竟连个合同都没签，你连哭都找不到地点。

就在我们埋头苦干时，她像英雄起义一样，终于受不了压迫，跑去领导办公室理论了一番。

暂且叫她园姑娘，一米七的个子，我当时在想这姑娘是吃熊心豹子胆了，真有勇气。

那段时间，我们走得很近，去上海梅奔看了一场演出，当时我们说以后要一起去看周杰伦、陈奕迅、五月天的演出，要去祭奠我们逝去的青春。

我想等我们一毕业就去。

她是个很努力的姑娘，也是我佩服和崇拜的人。

她上大二的时候，是校外舞蹈室的店长，没有工资白干活那种，但是她每天拼命练习。她说没有天赋不要紧，重要的是信念。

她去年的时候去了北京一家流行舞基地，进行了两个月的魔鬼训练。她去培训的钱，都是打工还有省吃俭用攒下来的。我说她，是不是太不要命了？

她跟我说，梦想虽然不一定会实现，但是要努力让自己不后悔。

也许成功的路上，会充满荆棘，但你要有一双“斩妖除魔”的双手。

去年11月份她离开舞蹈室，踏上实习面试的路，结果奔波了一个多月都没有着落，索性就回家休息去了。

你不能说她不够优秀，而是存在太多就业问题。我羡慕的是她说坚持就一定会努力的决心，她可以没有顾虑地勇往直前，就算最后没有任何回报，也只求一句无悔。

[2]

记得我小时候总是在想长大以后，到底是出国还是留在国内。

但是事实我哪都去不了。

曾经参加校运动会，差0.1秒就能拿到第六名，也只有全校前六名才颁发奖金，结果我什么都没有。

有时候成功与你就差一秒，抓住你就为王，抓不住，那就很遗憾地告诉你，你就是个失败者。

有段时间在医院住院，我总会看见那些消极的，积极的，乐观的，悲观的，还有上一秒存在，下一秒消失的。

你会看见对生命的惋惜。他们觉得一切来得太突然，他们还有好多心愿未了，不甘心就这样被疾病折磨。

在那些病人的眼里，他们总希望时光能温柔相待。

可是在意外突然降临的时候，你不能被砸昏了头，你要奋起和病魔战斗。

我见过一个男孩，大概七八岁，不知道怎么得了血液疾病。这对一个孩子来说，懂不了太多，他只知道要吃很多药，要做很多检查，身体才能好起来，才能去学校上学。

他确实很小，却承受了一个孩子不该承担的痛苦。

他会抓着妈妈的手，笑着说："别哭，我会好起来的。"

当时病床的灯光照在他虚弱的脸上，正巧被我一个转身瞥见。

就在一刹那，我明白渴望，明白要为每一天活着努力。

人可以平平凡凡，但一定要健健康康。你拥有健康的身躯，凭什么不努力？

[3]

闺蜜刚考大学那会，大伙都认为以她的实力，一本妥妥的。

结果考了一个不知名的二本，她说要复读。我劝她，谁都不知道下一年考题会怎样，万一考差了呢，宁做鸡头也不做凤尾。

她去了以后，学了播音主持。我说，你不是艺术专业生，学这个专业对你来说没有太大作用。

这次她说，她不想在乎别人的看法，她选择了就会努力。她偶尔会利用空余时间干一些喜欢的事，学个吉他、练练口语。

她说她第一次活得这么潇洒，没有在乎那些流言蜚语，她觉得很好。

确实，她活得很精彩，播音学得并不比专业的差，参加比赛，参加演出，她很努力，并且很快乐。

所以，她的选择没有错，她的努力没有错，成功堵住了一些人的嘴，包括我。

我曾经觉得只要一毕业，就可以挣钱，然后创业，最后发财，买房买车送爸妈。

可是目标哪能这么容易实现。

[4]

我是一个想要成功的人。

但是在这些之前，我必须要足够努力，才能一直骄傲地走下去。

明明很拼命，为什么还是没有回报

在我床头的书桌上，刻着一行英文：If you can not do，teach.（如果你自己做不到的话，就教别人去做吧。）做老师以来，我一直把这句话当作警钟。这是对那些可以把道理讲得头头是道，自己却做不到的人的莫大的讽刺。

我有一个朋友，人称“道理王”，在引经据典、讲道说理方面，堪比东方不败。从古埃及文明到比特币他都能分析得头头是道，对娱乐八卦和婚姻人生也可以娓娓道来。加上他不俗的外表，让每个和他聊天的人都如沐春风，女生更是恨不能以身相许。

当时，我和他都在北京打拼，合租蜗居在中关村一个十几平方米的小屋里，这里是北京最繁华的地段之一，尽管屋小，每月的房租却不低。

有一天下午，我和他坐在窗边。他右手两指夹着一支烟，猛吸一口，再缓缓吐出一个大烟圈来，对我说：“艾力啊，我最近认真研读了一本关于理财的书，你说现在存在银行里的钱每天都在贬值。要成功，要在北京混下去，而且混出个模样来，靠在公司做一个小职员，就算每年涨一点工资，五年升一次职，这辈子也没什么前途。要想出人头地，一定不能走寻常路！咱们凑点钱，做贵金属投资吧……”

后来，因为工作的关系，他搬走了。但每隔一段时间，他就会打电话告诉我，他又换了工作，进入了新行业，或者又发现了短期内挣大钱的方法。但无论是新行业还是新投资方法他都没有最终坚持下来，因此他也成了一个后悔药的长期服用者。

这个世界上有爱讲道理的人，更有爱听道理的人，总会有许多追随者通过各种渠道，来获得自己想要、需要或者觉得不得不要的道理。

可是，这些道理真的那么有用吗？听完英语学习讲座，立刻发誓在半年内拿下GRE、托福，在一年内拿到美国名校的offer，可每年拿到奖学金的人永远是少数；听了知名企业家的演讲，甚至只是看到一个励志的金句就热血沸腾，开始幻想自己好好拼一把也能出任CEO，迎娶“白富美”，登上人生巅峰；看了情感专家的微博分享，就决定做个“不忘初心，岁月静好”的女子，等着“高富帅”驾着七彩祥云来拯救平凡的自己……

只靠读道理，就妄图懂人生，这就意味着，大多数人实现不了自己的梦想。甚至，你要明白，有些成功人士，会在上楼后抽掉梯子，再告诉想要努力向上爬的你：“我当初就是通过努力飞上来的，你也可以。”

但生活之所以精彩，就是因为总会有奇迹出现。关键是，你要掌握打开奇迹的钥匙——正确的方法。

上中学时，父亲就告诉我：“懂一百个道理，不如懂一个方法重要；一百次的感动，不如一次行动有帮助。”到目前为止，我那一点小小的成功，很大程度就是缘于对这句话的领悟。

几乎所有的人都害怕公众演讲。和很多人一样，我从小就特别渴望在众人面前出色自如地表达自我，但无论我怎样尝试似乎都无法达到预期。我又是一个很容易紧张的人，性格有些怯懦。后来，我进入新东方当老师，不得不面对成百上千，甚至上万的学生。为了练好这个当老师的必杀技，我几乎看了所有能找到的讲解演讲之道、演讲技巧的书籍。曾经有那么一阵儿，我甚至变成了自己讲不好，但能教别人讲好的神人。

有一天，当我又一次在空无一人的教室里模拟演讲时，一位同事走进来，看了一会儿说：“你意识到自己存在的问题了吗？如果没有，这样讲一万遍也没有用。”

在他的建议下，我采用了“刻意练习”的方法。“刻意练习”是佛罗里达大学的心理学家K.Anders Ericsson提出的一套练习方法，方法的秘诀在于重复与反馈。

首先，练习者需要建立对正确方法的认知。以演讲来说，必须真正去了解什么是好的演讲，而想要达到这一点，仅靠读抽象的书籍是不够的。因此，我找来了几乎所有名家的演讲视频，反复观看、揣摩其中的精妙之处。有机会我还会去现场听一些名人的演讲，现场感受那种万人欢呼、掌声雷动的氛围。

接下来，我进行了练习——反馈——练习的循环训练。刻意练习，是以错误为中心的练习，练习者必须建立起对错误的极度敏感，一旦发现自己错了会感到非常不舒服，然后一直练习到改正了为止。

无论是模拟练习，还是上台讲课，我开始有意把自己的演讲录成视频。回到家，再反复观看这些视频。一开始，看到视频中的自己会很不习惯，而且会发现很多之前自以为表现良好的地方实际却并非如此。像大多数没有受过播音、形体方面专业训练的人一样，讲到激动处，我会使劲挥舞手臂，幅度大到在镜头上看不到我的脸，只看到一只手挥来挥去，身子也随之摇晃，没有力量；我还会经常重复“这就是说”、“也就是说”等口头禅，英语中就是“so…so…that…that…”；对于熟悉的内容，我通常会讲得很快，节奏感不强。而最要命的是，我没有镜头感，无法让听众感觉到我在注视着他们，在关心他们的反馈。

我把这些需要改进的问题用本子记录下来，不断进行纠正，并且与下一次的公众演讲视频进行对比，直到某个问题完全不再出现时，我才会把这个问题从本子上抹去。

经过无数次的练习之后，我不但对于新东方的课堂演讲驾轻就熟，而且还成了一名演讲师，站到了拥有成千上万观众的新东方“梦想之旅”系列演讲的现场。

我自然算不上天才，对于自己通过一番努力取得的这一点进步，我的感触就是，世界上哪有什么成功的捷径，当你学会把最简单的事做到极致时，成功自然也就离你不远了。

这一路走来，尽管我对“那么多的道理”有成见，但这并不代表对此我不学习、不懂得，或者不在意。而是我明白，有时候，道理懂得越多，给自己的束缚也就越多。不同的道理之间又常有矛盾，不同的建议之间也会有冲突，心灵鸡汤喝多了，味道也不同：有的咸，有的甜，有的辣。吃多了，肚子会坏，步子会慢，脑子也会乱。况且道理听得再多，也是别人的经验。只有通过实践，才会变成自己的东西。带我前行的，始终是那个看似渺小却埋头苦干的我。

你累积的经验越多，走得才越远

人活在世界上，总是花很多的时间避免错误，避免风险，避免“误入歧途”。

事实上，我们每天都在面对分岔的道路，与其一味想着去找一条康庄大道，不如好好珍惜在“歧途”上的收获，因为很有可能，你以为的“歧途”，会带领你走上生命中的“正道”。

我的一位前同事，职务很难定位，要打扫公司、整理档案、联络厂商客户、替老板送洗衣物，还要兼任会计的工作。即使工作量大又烦琐，可是他的薪水不如公司里的其他员工。

后来我才知道，原来他到这家公司，是想从设计助理做起，慢慢熬成设计师，想不到老板要他一人身兼多职，能接触设计的时间反而少了。可是不管他有多少麻烦的待办事项，几乎没有同事听他抱怨过。

有一次私下聊天时，我忍不住问他，工作内容与原先设想的差这么多，又没时间学自己想学的，难道不会觉得生气或沮丧吗？他说，一开始当然会有很多负面情绪，但他心想，不管是什么事情，学起来就是自己的了，总会有派上用场的时候，这样想想，就没那么不开心了。

我一直对他说的话印象深刻，现在有很多人抱怨自己要做那么多分外的工作，浪费自己的时间；他却认为不管是多无聊多烦琐的工作，只要“学起来就是自己的”。

虽然他的工作与自己的梦想相差很远，但他选择继续往前走，沿途尽可能地搜集各式各样的“宝物”，虽然不确定有没有用到的一天，但至少他确定，那些能量与收获都是属于他的。

后来我离开那家公司，过了好一阵子才听说，他换工作了，不仅实现了成为设计师的梦想，而且因为他除了作图，还能够与厂商、客户沟通联系，甚至因为懂一些会计，适时帮新公司处理了某些财务问题，新老板非常器重他，也给他更大的发挥空间。

于是我又想起他说过的话，曾经那些看似与梦想之路八竿子打不着的“歧途”，却带给他完成梦想的能量。当初乍看像是在浪费时间的工作，其实都是为了此时此刻做准备。

如果他没有坚持下去，也许还是会成为一个设计师，但可能就不会拥有这么多其他的技能，让他更快地受到老板的青睐。要是一直抱着“做这些事情根本是在浪费时间”的心态，那么我们就真的会浪费很多生命。因为没有人可以明确地告诉你，什么才是“浪费”，同一件事情，你可以觉得那是在浪费时间，同样地，你也可以告诉自己，那是在累积经验。

因为偶像剧《我可能不会爱你》而声名大噪的编剧徐誉庭曾说：“没有白走的路，除非你不肯继续往前走。”

年轻时候的徐誉庭，念过美工科、进广告公司当业务员、跑过记者的活儿、当室内设计师……没有一份职业让她发光发热，最后才选择当编剧。她说过去的工作经验带给她剧本创作很多养分：美工科的训练让她的剧本有画面感，当业务员时接触了形形色色的人，实习记者的岁月，让她知道如何“抓住故事的重点”……

她不避讳地说，过去背离梦想时，也曾感到茫然、苦闷、受困。但是也正因为她过去那些茫然且不知所终的经历，丰富了她的创作，让她写出脍炙人口的剧本，打动了更多人的心。对她而言，过去的经历就是一种累积与准备，而不是浪费。

重点就在，她没有放弃继续往前走，如果过往的每条“歧路”，她闯都没闯就退缩了，那么根本无法累积经验，让自己走向最想去的地方。

如果你并不是非常幸运，目前还走在感觉茫然的道路上，你要做的是与负面情绪保持距离，因为一味地茫然、沮丧只会蒙蔽眼睛，让你无法看见路上等着你去搜集的宝物，那么，你就真的会白走这条路。

累积未必都是在我们感觉良好的状态下达成的，更多时候，我们在犹疑困惑时，不知不觉地积累了生命的厚度，最后才有机会到达想去的地方。

我知道辛苦，但我更想坚持

639分，她来到了上海，来到了复旦。

上课时，她喜欢坐第一排，尽可能离老师近一些。

她叫张萌。

她说：“我没出过大荔县，出了大荔，就来到了上海。”

12岁，双耳失聪；2009年，张萌在复旦大学附属眼耳鼻喉医院做了人工耳蜗移植手术，恢复部分听力；去年，她以陕西省第86名的成绩考入复旦大学文博系。

[当我彻底对听力世界绝望时，只剩下了面对人生的勇气]

张萌出生在陕西省大荔县羌白农村，父母务农。两岁，她才学会说话。生活在农村的一家人并没有意识到这是噩梦的前兆。

初二时，在两周内，张萌的听力逐渐丧失。“这是在听英语的过程中发现的。”张萌喜欢听英语，“有一天，真的完全听不到了。”并且伴有持续性耳鸣。

“不是问题的问题对我来说都是问题。”这句拗口的话的确是张萌生活的真实写照。

休学回家治病期间，亲戚朋友常来串门，劝说张萌放弃学业。她的父母用沉默表达了对女儿的支持。多年前，张萌的哥哥试图退学时，父亲坚决不同意：“只要你们两个不在农村待。”这是父亲常说的一句话。农村娃张萌从小就知道，“我们家要站起来，只能靠我们两个。”本就贫困的家庭，遭遇此种变故，承受着经济和心理的双重压力。

那时候，张萌家里秋季卖棉花和夏季卖西瓜的钱，都花在给她治病上，却不奏效。支出最多的时候，一天就得1万元。

本来就不善言辞的父亲，更加沉默了。张萌记得父亲经常把自己关在一个小房间里，不开灯，一个人闷闷地抽烟。“以前，爸爸也会偶尔抽盒装的香烟，现在，他只抽一块二一包的卷烟了。”从此，张萌断绝了一切能治好的希望，她对父亲说：“你把我送回学校，我就什么都不要了。”

对于处在高考压力下的中学生而言，最大的困难也许是看似永远也搞不清楚的数学题，也许是埋怨父母总是不懂自己的心，也许是突如其来的友情变故……当被问到“高中时自己最大的困难是什么”时，张萌摇了摇头，“当我彻底对听力世界绝望时，只剩下了面对人生的勇气。”任何学业上和生活上的困难，在张萌看来，并不那么可怕。对自己重返有声世界失去了期待，一切困难也就只能靠自己去克服了。

[高三，时间都是精确计算过的]

“高三都没怎么打过瞌睡。”张萌又把熟悉的笑容挂在了脸上。

每天早上6点起床，迎来紧张的一天。上课时，张萌十分注重课堂效率，也善于总结技巧：“文科在第二轮复习时可以合上课本，边听边列大纲；数学不依赖老师在黑板上写步骤，重在思考思路以及技巧。”

课间也不会闲着，张萌将课间用来处理上课时以及前一天做题过程中碰到的难题，向周围的同学和老师请教。

午睡是必要的，但又想最大限度地抓紧时间。午睡前已经慢慢进入疲惫状态，张萌觉得适合做抄抄写写的作业。

下午下课后，由于学校开灯晚，天一黑，晚饭期间想写作业都看不清楚，张萌就和同学讨论难题以及学习方法。

晚上的时间利用是张萌学习的重头戏。“虽然只有不到三个小时的时间，但我觉得这是我利用最充分，也是效率很高的时间。”

“一般晚上我会选择做数学以及地理等需要思考的功课。”张萌顿了顿，“其实我晚上还有一个很重要的任务，就是听20分钟到半个小时的英语。”在装上人工耳蜗之后，她十分珍惜这来之不易的条件，尽管耳鸣对她来说，已是家常便饭。

“我不是每晚一到12点，就准时睡觉。”张萌会测出自己的睡眠极限：在一周内每天选择一个11：30到12点间的时间点入睡。“后来我发现，11：45入睡最合适，第二天也会因为这几分钟，精力比别人强很多。”

在宿舍楼的下面，有一间楼管阿姨的值班室，高中的很多个夜晚，张萌都是在那里度过的。这个值班室本来不开放，因为张萌治疗用的仪器需要用电，阿姨就对她暂时开放了。后来很多同学发现这是个好地方，就发展成七八个人挤在一块写作业。再后来，一个同学不小心把门把手拉坏了，一直没人来修，“冬天一下雪，雪花直往里面跑，特别冷，风还特别大，后来慢慢地就剩下我一个人……”张萌用厚毯子把自己裹起来，但仍抵挡不住严寒，“腿差点冻出毛病，但一写字就不管那么多了。”每晚学习结束后，张萌不会忘了把值班室打扫一番。

值班室里的日子让张萌刻骨铭心，她后来在日记里写道：

“值班室的门外雪花飞扬，柱子上滴下来的水被冻结成了冰柱，但门里却只有静静的身影匍匐在桌子上，手在不停地翻动着书页，笔底下在不停地书写。就这样静静地抓住每一分钟，直至深夜。当我在12点蹒跚上楼的时候，五层大楼的灯光已逐渐熄灭，走廊里昏黄的灯光将我的身影拉长再缩短再拉长，无声地目睹着我回宿舍的路……”

[无声世界的女孩并不孤独]

在初中的学习过程中，“听”课变成了“看”课，张萌依靠看老师的嘴形猜测所说内容。升到高中，学科的增多、内容的复杂、老师讲课速度的加快，无疑增加了看口形的难度。好在张萌身边还有一群愿意帮助她的朋友。

因为听课偶尔会跟不上，张萌需要在课下请教同学。“我记得后来给我讲题的人形成了一个团队，而大多数时候都是他们在帮助我。”朋友们时常变着法儿地给她讲解，一直到最容易让张萌理解的方法出现为止。不知不觉，这个小团队就发现了最方便的解题法。每当张萌理解一道题目时，朋友们就会打出这样的手势：大拇指一个搭一个往上伸，形成“天梯”。这个有趣的手势还有另外一层含义——你很棒，继续加油！

这些帮助她的同学，也在进步着，大多考进了年级里最好的A班。如今，各自奔赴大学的他们，依然保持着友谊。

谈到与人相处，张萌认为“主动”最重要。最初，张萌不相信自己能为身边的人带来什么，渐渐地，随着成绩的提高，她发现分享学习方法也许是个不错的选择。作为班里的“尖子生”，张萌从不吝惜将学习方法“公之于众”。“尽自己最大的努力去帮助别人、激励别人、感染别人，每个人总会有一些东西可以给予别人。”“哪怕残疾，你仍然有你拥有的宝贵的东西，比如积极乐观的生活态度、好的学习方法。”

张萌希望将自己的经验告诉更多在高中奋斗着的学生，尤其是和她一样，生活在农村的孩子：理性看待城市和农村的差距；在读书中，关键是自己要努力，好的老师可以指导你学得更好，自己的努力却可以让你发挥潜力超越自己；在高考中，不必因为城市的繁华望而却步，城市里有更多的机会可以让我们认清楚这个社会需要什么东西，并且靠自己的努力完善自己，只要努力，机会总是会有的。

暑假，张萌没有回家，她选择在一家公司的客户服务部实习，早晨6点半起床，晚上7点回到学校，每天有75元的补助。尽管辛苦，但张萌依然笑着坚持。

张萌曾经说过："我很少去摘抄名人名言，因为我觉得自己做到了。"不过，贝多芬的那句"我要扼住命运的咽喉"成了她的座右铭。

在成功敲门之前，请多一些努力

[1]

大学期间，进了一家教育单位实习。

刚进这个单位的时候，心里多少有些不舒服。脏乱的环境，电梯里充满了油漆的味道。曾经好几次在心里打起了退堂鼓，想要快快结束实习期，离开这个单位。

但是时间长了，我发现自己越来越不想离开这里，并不是因为已经对这里的一切习以为常，而是一件事情深深触动了我。

很平常的一个早晨，我提前半个小时，来到了单位。原本心里多少是有点儿优越感的，心里暗自庆幸“像我这么勤奋的员工已经不多了吧”。但事实给了我一记重重的耳光。

刚刚坐在工位上，我就发现在过道的拐角处大家正在开会。旁边沙发上还有被子和褥子。看样子，是有的员工晚上加班未回家，住在了单位。

其中有个瘦瘦高高的主管说的一句话，深深触动了我，他说：“同是一个肩膀扛一个脑袋，我们不比别人差！”

是啊，我们凭什么比别人差？

[2]

白岩松，大家都不陌生，他说过一句话："只要努力，命运总会来敲门。"

白岩松大学毕业时，正赶上大学生自主择业。要想找到一份合适的工作，除了才学和实力，还有其他因素。他只能靠自己。

于是，他第一份实习单位是选择了国际广播电台，后来因为这个单位不招收中文编辑的实习生，所以，白岩松落选了。后来，一次偶然机会，中央人民广播电台给他发了聘用书，但是职位不是他最爱的主持人，而是一个报纸编辑。但是，白岩松从始至终都没有抱怨过，而是凭借自己的努力逐渐在岗位上崭露头角，最后成了自己向往的主持人。

"只要努力，命运总会来敲门。重要的是，你是否听得到，是否已经准备好。"这是白岩松在接受《中国青年报》记者采访时说的最多的一句话。

白岩松成功了。他的成功也再次证明了：只要努力，命运总会来敲门。

[3]

心理学有个公式，自尊（自信）=成就+期望。

显而易见，逐步提升是提升自信的有效方式。人生诀窍在于突破自我，一步步积累小的成就，从而提升自信，形成良性的向上螺旋。找个方向，一点点儿自我超越吧，唯有锻炼，肌肉才能更强健。习惯逃避，能力会萎缩。

有些事，没有试过，我们就不要给自己平白无故地画一条停止线，故步自封。行还是不行，不在于事前我们说得多么绝对。是当你的双足踏在前进的路上时，你才能从中去感受去体会。

该发生的总会发生，该来的总是会来。有时候多么希望在这座城市，不再每天为了一次挤不上的公交车或错过一趟地铁而烦恼不安；不再拼命地赶着复习功课到凌晨才睡，第二天跑去教室没精打采地翻着课本；不再为了一次迟到而被上司批评，导致午餐都没有了想去吃的心情。

似乎这一切都会让你觉得生活不易。但这一切都会过去，因为你还有着一颗不甘示弱的心。

我们有什么理由不相信自己呢?

唯有挑战过离奇的命运，才能真正成功

能够落在地上的绝非仅有眼泪，还有我们一步一个的脚印。

换了一份工作，是一家外企，听到新同事们用英语直接交流，我好生羡慕，却也无可奈何，对我这样一个英语底子薄弱的人来说，短时间内提升英语水平，似乎太难了。

主管王凯看到我那么着急，说可以帮我学英语。他以前是一家英文培训机构的老师，可以帮我把英语水平提高上来，但前提是我得配合他。

王凯把要求写在了一张白纸上，让我每天看那张纸，比如，早晨起来要拿出半个小时读英文，中午听BBC，晚上睡觉前看单词。除此，内心还要保持简单，就是短时间内，什么都别想，就想要学好英语，一定要学好。

我点头答应："好的，好的，这个好实现呢！"

他笑了："不见得好实现，不如试试看吧！"

结果，我坚持不到一个星期，就气馁了，说真的，他的要求看似简单，但在执行的过程中，我却发现，日常琐碎会打破这些计划。比如你正背着单词，却发现还没有吃早餐；吃过午饭时，你想听BBC，却困得睁不开眼睛；晚上，躺在床上便呼呼大睡，忘记了所有的安排……

我把这些苦恼讲给王凯听，凯哥笑了，你的这些困难是每个人都要面对的，不只是你，事实上，决定成败的并非是我们遇见的困难，而是我们在它面前的反应。

有人会妥协，有人会逃避，有人会换一个方向，有人会盲目离开……

原来，当年凯哥是北京体育大学毕业的体育生。毕业那年，一场意外伤到了他的腿，那个暑假，其他同学都在找工作，只有他一个人默默地躺在病床上，煎熬着。

好消息陆续传来，但都不属于他。他的室友们都应聘上了体育老师，那也是他梦寐以求的职业。大学毕业，丢给他的仅有失望与遗憾，他不能做体育老师，却也没有其他的打算。他躺在病床上，眼睛瞪着天花板。他意识到自己要为前程做一个打算，定一个目标。

他有些悲观，觉得有些自不量力。他一边规划一边嘲笑自己，突然觉得自己是那么无力、无能，身为七尺男儿，居然无法站稳，还谈论人生规划？

一怒之下，他拔掉手点滴的针头，看着流血的伤口而无动于衷。

此时，一个坐着轮椅路过他病房的女孩见状，赶紧喊来医生，为他包扎伤口。

她站在他的病床前，与他分享自己的故事。

她是人大的研究生，现在读研究生二年级，本来要去美国做交换生，去那里读两年书，她一直觉得自己是世界上最幸运的女孩。一天早晨醒来，她却发现自己的腿肿了，她一开始以为是劳累所致，未想那么多。腿越来越肿，肿到她无力行走，妈妈曾责怪是她太娇气，还特意带她去中医院按摩，当医生建议她住院治疗时，她才意识到事态的严重。

她只知道自己得了重病，却不知自己究竟是什么病。她在这个医院住了很久，一开始也有想过要轻生，后来却觉得人终有一死，想死得有尊严一点儿。可对于一个不知自己病情的人、一个不想打破此时宁静的人来说，有尊严的死也是一种挑战。

于是，她只好坐着轮椅，在病房间来回穿梭，帮助一些需要帮助的人，她说，她相信善意的举动能帮到自己。她想用自己的力量帮到别人。

凯哥听到这里，早已被感动得不知所措，想想刚刚的举动，自己真是太鲁莽了。他开始自学英语，梦想成为某英语培训机构的英文老师。

他不再把注意力放在自己的腿上，每天早晨醒来，第一件事就是背单词，晚上睡觉前抄写总统的演讲词，除了睡，他醒着的时间都用来学英文。他逐渐忘记自己还是个病人，也不再羡慕那些毕业就能去做老师的人，他只期待自己赶紧好起来，可以去应聘英文老师。

直到出院，他都没有再见过那个女孩，也不知她怎样，有着怎样的故事，以后会有着怎样的人生。

终于，一切如他所愿，他成了某机构的英文老师。他一路向前努力着，每天上课时，他都会寻找与女孩相似的脸庞，他期待看到她，一直牵挂着她，却再也没有见到她。

茫茫人海，某一束亮光照在我们身上，一个悲观主义者的内心悄然升起希望，一个几乎绝望的人开始向往梦想的生活。

我们总期待，人生啊，再平坦一些吧，命运啊，请不要给予太多我们无法接受的离奇。

可是，生活哪能总是一帆风顺。你接受过命运的考验，曾跌倒过，后来从容地爬起来，拼尽全力地跑过去，虽然满身泥泞，却也无比精彩。

那清晰的脚印，就踩在最泥泞的路上，能够落在地上的绝非仅有眼泪，还有我们一步一个的脚印。

赢过昨天的自己，你就成功了

有人会问，女孩子上那么久的学、读那么多的书，最终不还是要回一座平凡的城，打一份平凡的工，嫁为人妇，洗衣煮饭，相夫教子，何苦折腾？我想，我们的坚持是为了，就算最终跌入烦琐，洗尽铅华，同样的工作，却有不一样的心境；同样的家庭，却有不一样的情调；同样的后代，却有不一样的素养。

有一个朋友，特别喜欢在朋友圈发一些负能量的文字，比如说：再怎么努力，屌丝也不会变成高富帅。再比如说：大多数人的天资，注定了这辈子只会一事无成。虽然，他说的代表了一部分事实，但这世上大部分的人，都出身一般，都天资平平，如果再不努力，就真的一点儿希望都没有了呀！

我出生的小镇，人们的生活相对城市里会比较辛苦，但跟附近的农村比，生活在镇上的人即使这样辛苦，也还算好些，起码离集市比较近，还能就近卖点菜什么的。生活在农村，过得就很不易了，拿二十个鸡蛋去卖，也得从凌晨四点走到太阳高照，才能从家里走到集市上。不走路骑自行车的话，要一个多小时；骑摩托车要快点，四十分钟左右；现在村里通了小巴，到一趟集市，也得半个小时。在我童年的时候，大部分村里人家里是没有摩托车的，他们赶集的时候，通常半夜出发，从明月高悬走到日头挂在天空，才能赶上最早班的集市。

初中时，我的同桌，家就生活在农村。她的父亲从事泥瓦匠的工作，因为没读过书，和大部分村里人一样，坚信养儿才能防老，于是一口气生了三个姑娘，最后东躲西藏才生了一个儿子。我同桌是家里第二个姑娘，最容易被忽略的那个存在。据她说，整个小学期间，每天早上起床，她妹妹踩在凳子上烧一家人的饭，她姐姐带着她上山打猪草。猪草上晃动着露珠，极新鲜的时候被割下来，倒在猪圈里。然后她才能匆匆忙忙吃妹妹亲手烧的早饭，背着书包提着篮子去上学。为什么要提着篮子呢？中午放学的路上，边走路边割猪草，割满的时候，差不多也该到家了。

我们那个初中，是镇上唯一的重点中学。她是她们村小学唯一一个考进来的。她上初中的时候，她的小学同班同学起码有三分之一退学，回家种地或者去广东深圳谎报年龄打工。她初中报了特困生，免了学费，但生活费对于她的家庭来说，也是不小的开支。学校离她家远，基本一个月才能回去一次。

每次到学校，书包里装满了馒头干，泡着可以吃一周，这样七天的生活费就都省了。那时候，她一个月的生活费只有十五块钱，据说大部分时候只能就着家里腌制的豆瓣酱吃二两白米饭。我比她幸运，我家住在镇上，父亲常年做生意，还算有点小钱，家离学校近，每天中午和晚上回家，吃母亲煮的饭，就这样，一周还有二十块钱生活费。所以，我一直不理解，一个月十五块钱，还住校，她究竟是怎么过的。

她是班上最努力的学生。有多努力呢？我是走读生，每天中午和晚上回家，偶尔下雨天懒得回，就在学校食堂吃，吃完饭回到教室总能看到她在位置上学习，不是背英语就是做练习题。她没有钱买更多的复习资料，只好把书本上的例题和考试的试卷反复练习，达到最熟练为止。晚上下自习，她还留在教室不走，一直到熄灯。熄灯后她回寝室，还在看书。她每天的洗漱都在寝室熄灯之后，悄无声息的，洗完默默上床睡觉。

因为贫穷，她是班上最沉默最努力的一个。我从来没有问过她为什么这么努力，我初中的时候太懵懂，整天只知道玩，根本无力思考这么沉重的问题。直到很多年后，回想起来，才明白，对于她来说，读书是唯一改变命运的机会，她别无选择。

尽管她已经这么努力，却始终只能考班级第三、四名。那时候一个年级有八个班，她的成绩在年级里总是二十名以后。班上的老师评价她："天资不足，勤奋有余。"不知道她听了这样的评价，心里会怎样想，想必很难过吧，但她习惯了不吭声。一个贫穷而又沉默的孩子，她心里的翻江倒海总是会被忽略掉。

以她的努力，自然能考上高中，虽不是市里最牛的学校，但也算重点了。她高中和我不是一个学校，听说比初中还努力。据说高三的时候，为了更好地复习，夜里在床上点了蜡烛念书，烧坏了一床被子。

功夫不负有心人，最终，她考上了省里的师范大学。之所以上师范，一是因为她没有考到更好的学校，还有一个原因是因为师范免学费，好像还有补助什么的。她不愿意贷款，因为她一毕业就得支援家里。在她家，她是唯一一个念了高中和大学的。在她们家因为父母已年迈，因为姐姐和弟弟妹妹都生活在农村，因为姐姐曾经为了她能读书，去做过很长一段时间的保姆，父母和亲人在农村过着很苦的日子，她作为家庭里唯一一个"文化人"，有不可推卸的责任帮助家人。

大学毕业，她应聘到浙江某重点高中做老师，没两年就和她的学长结了婚。学长研究生毕业，也出来做老师了。夫妻俩都是老师，又是大学谈的恋爱，共同语言自然不少。学长是城里人，家里条件虽然一般，但相对她家，已算非常好了。据说，他们结婚的时候，迎亲队伍从村子里敲敲打打地走过，羡煞了一路人。

在村里人眼里，她算是鸡窝里飞出来的金凤凰。只有我们这些在外面漂泊的人才知道，就算双双做园丁，过的依然是平凡夫妻的小生活。唯一不同的是，她的丈夫不必面朝黄土背朝天，她也不必成为一个匆匆忙忙煮完饭还得迎着日头下地干活的女人。于她来说，现在的生活虽然平淡，但跟村子里的同龄人比，已是天上地下。

她去年生了孩子，现在女儿快一岁了。有一次我们聊天，她发来一个网上特别有名的段子："有人会问，女孩子上那么久的学、读那么多的书，最终不还是要回一座平凡的城，打一份平凡的工，嫁为人妇，洗衣煮饭，相夫教子，何苦折腾？我想，我们的坚持是为了，就算最终跌入烦琐，洗尽铅华，同样的工作，却有不一样的心境；同样的家庭，却有不一样的情调；同样的后代，却有不一样的素养。"看她发这样的段子，我很感慨，我想，如果她没有读书，没有考出来，只在家里做平凡农妇，是不会跟我说这样的话的，我很高兴我的初中同学，跟我说了这样的话。我了解她这一路走来的不易，才更觉得她了不起。

现在这个世界，很多时候，不是你努力就一定能成功，因为天资和机遇会深深地限制一个人。然而很多时候，我们努力并不是为了过上多牛的生活，而仅仅只是为了让明天比今天更好一点，哪怕稍微好一点点，就已经是很好了。人生很多时候，不是为了能赢过别人，只是为了能赢过昨天的自己。只要做到，就已经算成功。

反正无论努力还是不努力，时间都一样过，那就努力呗！就算一个人的希望总是会被各种负能量所打击，也还是要充满正能量地生活。毕竟，如果没有希望，人跟咸鱼有什么区别？

感谢那个从不懈怠的自己

7岁时的那个夏日，我拎着镰刀，跟着母亲去收麦子。

母亲的胳膊一划拉，就揽住了四行麦子，一镰下去，都放倒了，脚一挑，就是一堆，割得很快。我只割两行，也只是一行一行、一小把一小把地割。很快，我就被母亲远远地甩在了后面。我想赶上母亲，可心里一着急，手底下就出错了。

一镰刀下去，没割到麦子竟割破了自己的鞋面，还有脚背，疼得直龇牙咧嘴。脱了鞋袜，一道血口子。我没喊也没哭，就像母亲平常处理伤口那样，抓了一点土，在手里捻细，然后撒在淌血的伤口上。看着母亲不直腰地割着麦子，我将脱下来的袜子悄悄塞进兜里，忍着疼往前赶，只是割得更慢了。

母亲性急，头也不回地催促着："快点，手底下快点。"她已经打了个来回，折到我的跟前。见我绷着脸慢吞吞的，她轻轻地踹了我一脚，骂了句"慢腾腾，没听见麦子都炸开了"，而后她继续弯腰卖力地割。

天热得让人直流汗，汗水沁到伤口上钻心地疼。那天临近傍晚，收工回来，母亲照例拉我到池塘边冲洗，我死活不下水，她才瞅见我没穿袜子的那只脚，还有脚背上的伤。"没事，都结痂了，两天就好了。"母亲说时语气很轻松，就像受伤的是别人家的孩子。

她或许不知道，一个7岁的孩子，受伤了很疼，想休息却不忍心丢下母亲独自割麦子的矛盾心理吧？

如果可以，真想去抱抱那个瘦弱的小姑娘。我的脸颊会轻轻地贴在她的小脸蛋上，说，好样的，你真是个乖孩子。

10岁那年，我上三年级，考试没考好，很伤心，老师表扬别的孩子就像在批评我。母亲从没问过我的成绩——农活多得她都没时间直起腰来，哪会关心这些事？可我却不敢直视母亲的目光，似乎她什么都知道。

那时，一块橡皮2分钱，一支铅笔5分钱，一个本子8分钱。家里不会随便给我钱买这些，可努力学习的这些是必须要的。怎么办？贫穷能生出智慧。电池自是稀罕东西，我家里有一把手电筒，但经常舍不得用，怕费电。我好不容易在亲戚家找到了一节废电池，砸开，取出碳棒，从此，我拥有了一支可以长久使用的“笔”。

学校的操场是我的练习本，碳棒是笔，反反复复写，边写边背。有同学从我身边走过，像看怪物一样看我：学得不好，还显摆这点学问？我才不在乎别人的目光，只知道要好好写，好好背。哪怕会了，还继续写，当练字。就那样，脑子并不灵光的我，渐渐地靠拢了优秀生。

如果可以，我想回到过去，抱抱那个蹲在地上认真书写的小女孩，我会在她耳边轻声告诉她：想办法自己拉自己一把，为你的优秀自豪。

14岁那年，上初二了，我养成了写日记的习惯后，作文变得挺不错了。只是，我不是一个长得清爽且伶牙俐齿讨人喜欢的孩子，或者说，我那张皮肤黝黑又绷很少露出笑容的脸很不招人喜欢。

语文老师很是奇怪，每次讲评作文，都会先说一句“这次作文写得好的有某某、某某等”，而后将点到名的学生的作文当范文读，最后总说一句，“时间有限，其他的就不读了”。我从来没被点名表扬过，作文自然也没被读过。而翻开作文本，评语、分数和优秀的一样——我一直在“等”里面，这让我欣慰又窝火。而在初一，我的作文总被前一任语文老师当范文的。那一年每次上作文课，对我都是一场折磨，恨不得将头深深地埋进课桌兜里。而握起笔，又告诉自己要认认真真写出自己最好的作文。

下学期的3月份，县里举办了一次中学生作文比赛，我是全县唯一的一等奖，也是我们学校唯一获奖的。颁奖回来，学校又召开了一次师生大会，让我在大会上读自己的获奖作文。读着读着，我的声音哽咽了。下面的掌声响了起来，他们一定认为我是声情并茂。那一刻，我终于将自己从作文讲评课上的那个沉重的“等”里面解救出来了。

如果可以，我想回到过去，抱抱那个少女。我会揽着她的肩膀说：你好厉害，陪自己走过了泥泞与黑暗！

再如果可以，我还要抱抱那个在别人都已酣然入梦却依旧点着蜡烛勤奋学习的18岁少女，没有她的刻苦劲，我怎么会在千军万马过独木桥的高考中顺利跨进大学的校门？

回望走过的路，点点滴滴都是付出和努力，如果可以，我真的想回到过去，抱抱每一阶段里从没懈怠过的自己。感谢她们一路扶持，才让今天的我没有让自己失望。

你对自己不"狠"一点，生活就会对你"狠"一点

[1]

五年前，我在一家杂志社实习，带我的是Abby。

Abby是那种典型的职场女强人，而且总是一副战斗值爆表的强势样子。她不怕总编辑催稿，也不怕得罪下属，凡是她主管的稿件，她都要求做到最好，所以上交给她的稿件，一般都会被要求修改很多次。

有人受不了，就当着她的面骂她是"拿着鸡毛当令箭"，她火更大，直接把那稿子撕个粉碎。

可正是因为她的挑剔，Abb部门的稿件质量一直是杂志社里最好的。

另外据同事们得到的八卦消息，和Abby相过亲的男人能坐满三四桌，其中不乏优秀的……可Abby就是一句话："没眼缘！"

她的个性签名是：我不是谁的影子，更不是谁能退而求其次的选择。我所做的一切，都是自己想要的。

再遇见Abby是在去年秋天，见面时差点没认出来。只见她穿一件灰色的风衣，散披着长发，双手抱着一大捆文件，完全没有了当年的气势。

聊了一会儿，我才知道，这几年因为岁数大了，脾气也磨光了，她最终没犟过家人，出嫁了。后来为了照顾家人和孩子，她主动申请调到了清闲的行

政部门，每天朝九晚五，到了月初，按时领工资……

虽然Abby的性格温柔了许多、工作安稳了许多、同事关系缓和了许多，但我还是隐约觉得，她并不快乐。

临分别时，她严肃地对我说："千万不要轻易妥协，妥协只是看起来省力了。但只要你退了一步，哪怕是小小的一步，你就很难再有心气儿往前迈进了。"

我心头猛地一惊，真是这样啊！

一个人真的不能轻易地妥协或者将就，你以为是妥协一次、将就一回，很可能就妥协、将就了一生。而你退缩得越多，能让你喘息的空间就越有限；你表现得越将就，一些幸福的东西常会离你越远。

有些时候，退一步是海阔天空；但有些时候，退一步可能是万丈深渊。

[2]

你一直以为，妥协一些、将就一下，这个世界就会为你让出一席之地。你却发现，除了失去更多、抱怨更多，你什么都没得到。

实际上，每一次妥协的背后，或是害怕失去，或是息事宁人，或是不愿付出努力……当你以为降低标准可以更容易地得到自己想要的结果时，你可能不会得到想要的。

请你记住，你需要设定底线。你一旦失去了底线，做事常会达不到效果。

[3]

有一组漫画：一群人背着沉重的十字架艰难地前行。途中有一个人自作聪明，他把十字架砍掉一截，背起来轻松了很多。走了一段，他又砍了一截。就这样，他很轻易地超过了很多人。

不料，后来途中遇见了一条又深又宽的沟壑，他在沟壑面前停下了，一边焦虑万分，一边责怪上帝的刁难。这时候，被他超过的人都慢慢地赶上来了，别人用辛苦扛过来的十字架搭在了沟壑上面，轻易就越了过去。这个人也想这么做，可他的十字架太短了……

你看，悄悄毁掉你的，是你偷的懒，是你的侥幸，是你的投机取巧。

在成长的过程中，每个人都背负着属于自己的“十字架”。它也许是你的学业，也许是你的工作，也许是你的感情。

人生是没有捷径的，你今天偷的懒，注定会成为你明天的苦难。

别人一分耕耘，有时候尚且只有半分收获；你只有半分耕耘，凭什么能有更好的收获？

[4]

在2008年的哈佛毕业典礼上，校长福斯特对毕业生们说过这样一段话：

我听过你们谈论未来，知道你们的烦恼。我也知道你们担心收入，担心职业选择，担心人生的意义能不能实现。我要对你说的是，只有试过了才知道。不论是绘画、生物还是金融，如果你不去尝试做你喜欢的事，如果你不去追求你认为最有意义的东西，你会后悔的。人生的路很长，总有时间去实施备选方案，但不要一开始就退而求其次。

校长还将“退而求其次”的心理比喻为“停车位理论”。大意是说，不要因为觉得肯定没有停车位，就把车停在距离目的地20个街区远的地方。直接去你想去的地方，如果车位已满，再绕回来。

一个人就像是一朵花，来到这个世上是为了怒放。如果你因为害怕凋零，而选择了不绽放，那么你就白白浪费了上天的美意。

所以，不要轻言放弃，但凡有了第一次，你的人生就会习惯性地退缩，可是如果你克服了，你的人生则会习惯于迎风破浪。这看着只是一个简单的选择，其实影响非常大，它带来的是截然不同的人生。

成长就是一个不断升级的过程，你不打倒面前的小妖怪，你可能就会被这场游戏淘汰。但与此同时，你不能总是打些小妖小怪，而避开那些厉害的大妖怪，因为你身边的每个人都在使出全力去拼、去克服困难。

怕就怕几年之后，你对那些比你强的小伙伴们抱怨："生活怎么这么不公平，别人怎么就那么厉害，而我这么差劲？"

相同的时间，你把时间用在了停步不前，别人把时间花在了努力上。

如果一万个不甘心，也没换来一次"试试"，那你就该反省。

王小波就曾说："人在年轻时，最头疼的一件事就是决定自己这一生要做什么。总而言之，干什么都是好的，但要干出个样子来，这才是人的价值和尊严所在。"

活着，最大的失败不是跌倒，而是从来不敢奔跑！

让你的努力配得上更好的生活

[1]

最近一个学设计的学妹来找我吐槽说，今年毕业校招面试了好几家时尚杂志，却全部被拒之门外，原因竟然是：看起来像个高中生。

学妹说，“看起来像个高中生”这句话狠狠地打了她的脸。

上了四年大学几乎没什么变化，打扮和气质还停留在高中阶段。而身边好多同龄的，条件还不如自己的女生，早就在大学里脱胎换骨成了“女神”。

学妹来自小城镇，家里条件并不算太好，从小被教育省吃俭用。

专业里其他女生互相评测着口红香水、鞋子包包，而她却只能自己默默做着功课，成了一个实打实的“理论派”。

她能将每个设计师的作品倒背如流，却连一件优衣库的衬衣也舍不得买。

她觉得，只要努力，这些未来都会有的。

理想归理想，现实还是狠狠地给了她一个大耳光，让她后悔和惊醒。

她说，早知道现实这么残酷，大学里就应该及早为自己投资，哪怕申请一张信用卡，让自己提前拥有一套完整的化妆品、一些质感好的衣服，让自己的气质不只停留在精神层面，就不会在找工作时如此惊慌失措。

是啊，“惊慌失措”，不正是20多岁，一毕业就面临横跨学业、工作、婚姻三件大事的年轻人们，所切肤体会到的吗。这种急剧转型令人手足无措，匆匆应对。

那些曾经我们坚信的东西，却不能在全新的试练场上护我们一世周全。

不管我们30岁后攒了多少钱，买了多少名牌，用多少学识资历武装自己，我们初入职场时给人的第一印象，已经注定不可修改。

[2]

去年出差时认识的一个行业前辈，聚会时无意间见到他弹吉他的样子，颇有些派头，聊起来，他跟我讲了这么一个故事。

大学时，前辈和几个喜欢音乐的朋友组了个乐队，他弹吉他，那会儿还稍微混出来点名气，有时候还会去地下乐队的演唱会演一首。

那时候家境不好，还要给弟弟攒学费。没钱也舍不得买好一点的吉他，一直用着高中时买的小破琴。

那会儿他是真把乐队当回事，梦想着有一天能真的出道。

一天排练，他们的主唱兴冲冲地跑来说，一个业界前辈帮他们在北京某音乐节争取到了一个替补演出的机会，听到消息，乐队所有人都高兴成一团，这机会太难得。

然而，距离演出的时间，只剩下不到48小时。

当所有人欢呼雀跃的时候，他看着那把破旧的吉他，犹豫了。去往北京的机票住宿加上买新吉他的钱，够弟弟一个学期的学费了。

后来的故事，你我都能猜到，他主动提出退出，放弃机会。从此以后，好多年，他便不再碰吉他。

我问他，为什么突然就那么坚决地退出了呢?

他说，在那一刻，他意识到，音乐，不是他这样的人玩得起的。

我说，那现在呢，还这样想吗？

他没有回答我，顿了顿，说，从那以后，很多年我都不再和当年的乐队成员联系，其实，不是我不愿意见他们，我只是怕又想起自己当年丢掉的东西。

如果早知自己会从事一个根本不喜欢的工作，哪怕借钱、哪怕分期买新吉他、哪怕以后再去酒吧驻唱还钱，我也会去那个演出。

是啊，现在的他，虽然买得起十个当年梦寐以求的吉他，但音乐梦想，早就深埋进布满灰尘的角落。

那些在我们贫穷尴尬、毫无武装、手足无措时，失去的机会和决定的事，却能深远地影响着我们的一生，这真的好不公平！

[3]

公司去年新来的一个小姑娘。

她刚来的时候，整天清汤挂面素面朝天，衣服换来换去就那几套，站在人堆儿里属于根本认不出来的那种。

然而后来，我却深深地记住了她。

那天，姑娘早上眼睛肿得跟桃一样进了公司，才知道是昨晚相恋5年男友跟她提了分手，我说你这么难过今天要不就请假吧，怎么还来这么准时。

她淡淡地说了句，没事，我扛得住。

一个月后，她在公司转正，工资高了，第一件事就去申请了张信用卡，买了一个大牌手提包。

有天，她化了淡淡的，又很精致的妆容来公司，我竟然没有发现，自己身边原来有个这么美的姑娘。

在新包包、颜值的“加持”之下，姑娘工作起来比谁都有活力干劲。年底评绩效高居部门榜首，姑娘笑起来，整个人都散发着自信的光芒。

让人难以将从前那个寡淡平凡、又被爱情伤害的可怜人，跟眼前这个耀眼的姑娘联系到一起。

年底聚餐桌上，我们聊起曾经那件事。

我问她，你是因为失恋才开始改变的吗？

她说，是，也不是，其实我早就发现他劈腿，我甚至气愤之下，约那个女生出来见过。可是你知道吗，当时她一走进来，我就知道，我输了。

她的脸上散发着只有高级粉底才有的光泽，她的高跟鞋，她的裙子，她的一切都让我觉得，同为女人，我们却像两个物种，我连忙把自己图便宜买的几十块钱的包往后塞了塞，生怕被她瞧见。

我说，所以你这么努力是想让自己变得跟她一样？

她说，不是，这件事之后，我才明白，武装自己有多重要。一个人，在刚刚毕业、跟6个人挤在合租屋里、穿着地摊30块钱衣服时，喜欢和交往的对象，跟后来画着精致妆容、脚踩高跟鞋、在职场上叱咤风云时欣赏的异性，是不可能一样的。

我不怪他“渣”，因为现在的我，也深深体会到了这一点。

先买包再努力工作，不仅是为了能还得上信用卡，更是为了让自己的气质再配得上这个包。

是的，我们都明白的：

一个大牌的真皮包，也许并不比几十块的包多什么功能，但它是隐形的社交语言，代替我们向他人传递着信息，它精致的纹路，一丝不苟的做工，就代表着你生活的本来面目。有了它，我们就要为了不挤地铁弄坏它而努力买车，有了代步的车，我们就会为有一个自己的衣帽间安放这些美丽的包而更加努力。

促使我们拼搏成功的，不正是我们一步步的“渴望”吗?

记得《奇葩说》某集的辩题“该不该刷爆信用卡买一个包？”。

范湉湉的观点是：买大牌包，会让自己自强不息，越来越好。

仔细想想，这句话，确实理不糙。

[4]

然而，想要在最好的年纪武装自己，又谈何容易？我们大多数人出身普通家庭，又处在20多岁正在打拼，并没有多少财富积累的尴尬年纪。

当我们终于下定决心奖励自己一个高级化妆品、一件质感良好的衣服的时候，一些人们，又在暗处指指点点：“你看，她真是个物质的人啊”“要还多少期呀？”“有这钱干吗不存着，以后用处多着呢”

这些话，让我们如芒刺背。

多少本该美丽、本该武装自己的岁月，一点点在舆论的压力下，不敢以光鲜面目示人，蹉跎过岁月才大悟——

谁能替我们买单那些失去的机会和岁月?

那些曾经指指点点的人吗?

那些蹉跎了自己的岁月，反过来把价值观强加在我们身上的人过来吗?

更不见得那些价值观特“正”的过来人，人生有多成功，批评我们时底气有多足。

会花钱是一门本事和智慧，会花钱，才能会挣钱。花钱不可怕，可怕的是人生停滞不前，不努力去挣未来。

二十几岁的年轻人，总是会面临着自我实现与经济基础之间巨大的鸿沟。

舆论总在告诉我们：

该有的总会有的、提前满足自己是物欲的表现、年轻人爱花钱是洪水猛兽、透支信用卡的女人败家、你们才20多岁能有什么自控力……

岂知，这是种看似正确的过度“保护”，它让我们相信只要自己本分为人不渴求太多，就能收获一切顺风顺水。

多少毕业好几年的女生，不舍得吃好的穿好的，不知“You are what you wear”，结果冥冥之中失去多少升职、爱情的机会。

从18岁起，我们就已经是从原生家庭脱离的独立人，我们没有他们想的“幼稚”“不可控”，至少，我们大部分人，清楚地知道自己在干什么。

节约永远没有错，花钱更没有错，只不过，是为了早点遇见更好的自己。

最后，祝我们认真生活，努力赚钱，好好享受生命。祝我们，都能在年轻的时候，配得上更好的生活。

唯有不懈的努力才能让梦想开花

20岁左右的时候，初出茅庐的他指着一幅最美丽的画作呼喊：“哦，上帝啊，如果我也能像这样在画布上实现自己的梦想该多好！”画的主人大声说：“画布上的梦想！你一定要知道，必须经过成千上万次的练习，才有可能将你的梦想展现在画布上。要想达到卓越，只有一个方法，那就是不懈地努力。”

弗朗西斯·培根记下了这句话，后来，他成为上世纪英国唯一的一位享誉国际且具影响力的画家。

许多年前，一个小男孩儿进入了著名的哈罗公校，被插进了一个高于他年龄的班级。那里所有其他的孩子都比他多上了几年学，他的老师常常责备他的迟钝，但他所有的努力都没能使他在班级最后一名的位置上有所提升。最后，这个男孩儿开始学习其他孩子曾学过的初级课本。他把所有玩耍的时间和许多睡觉的时间都用来掌握这些书上的基本原理：他很快就在班级里名列前茅，并最终成为哈罗学校的骄傲。

那个男孩儿就是后来的英国著名语言学家威廉·琼斯爵士，他的雕像直至今天还立于圣保罗大教堂，因为他是欧洲最伟大的东方学学者。

“生意成功的秘诀是什么？”有一次，美国著名航运公司威力斯的老板科尼利厄斯·范德比尔特被一个朋友追问。“秘诀？根本就没有什么秘诀！”这位航运公司老板回答说，“你所要做的就是专注于你的生意，并且勇往直前。”

后来，那位朋友领悟，如果你想采取范德比尔特的方法，那就了解你的生意，专心致志，缩减开支，直到你的财富可以使你免于遭受商业危机。

伟人的座右铭常常能使我们稍稍了解一些他们的性格和成功的秘密。“工作！工作！工作！”是画家乔舒亚·雷诺兹爵士和戴卫·威尔基爵士以及许多其他留名青史之人的座右铭。伏尔泰的座右铭是“永远工作”。意大利雕刻家迈克尔·安吉洛是一个令人惊奇的工作狂，他甚至穿着衣服睡觉，以便一醒来就能跃起身去工作。他把一块大理石放在自己的卧室里，以便在夜里醒来或失眠的时候可以工作。他最喜欢的一件作品是一个坐在推车里的老人，老人的头上有一个沙漏，雕像上刻的字是“活到老，学到老”。即使在双目失明之后，他仍然让人用轮椅推着他去贝尔威德，亲手检查那些雕像。英国政治家科布登常说的一句话是：“我工作起来就像一匹一刻也不停歇的马一样。”据说，音乐家韩德尔的工作量是普通人的十二倍。

有一次，一个女士向画家透纳询问他成功的秘密。

“我没有秘密，女士，只是努力工作而已。”

“这是一个许多人从来都学不会的秘密，他们之所以不能成功，因为他们无法领悟这个秘密。勤劳就是将世界由丑变美、将诅咒变为祝福的精灵。”

看看巴尔扎克的经历吧。在孤独的顶楼上，他一直在贫穷和饥饿中努力并等待着，但无论是饥饿、债务、贫穷，还是挫折，都不能促使他对自己的目标有一丝一毫的动摇。即使全世界都嘲笑他，他依然能够等待。

“人们通常都希望自己能够心灵手巧，但其实更应该对勤劳心怀感激，”爱迪生说，“诸神将各种幸福定下了高昂的代价，而只有勤劳的人才能买得起。”

努力地把梦想展现在画布上，绝非一朝一夕之事。成功有时仿如一座隐形的宫殿，你看不到它的瑰丽宏伟，也不知道它坐落何方。只有当你走完了所有必经之路后，它才会真实地呈现在你的眼前。

不要让你的『野心』配不上你的才华

才华配不上“野心”，

并不可怕，

大不了拼尽全力。

可怕的是你的“野心”配不上你的才华，

辜负了天赋才能，

庸碌此生。

只要够坚持，奇迹自会等你

[1]

研究生毕业后，与澈终于被南航录取做飞行员，要学开飞机，我们一起开心得蹦跶起来，整个咖啡厅快被这尖叫声震塌陷了，与澈依然很淡定，且一脸严肃地坐在角落里给“前女友”玫瑰写那封从未寄出去的信。

到了加拿大，他先去看了看尼亚加拉瀑布，给我微信留言说，瀑布美不胜收，他想一个大踏步跳进去。除此，他特意给我寄了一张明信片，说：“这张明信片，你大概很难收到。”

“那你还寄个什么劲？赶紧退了。”

“你这人，生活真无趣，就是因为可能很难收到，所以更要寄，这样漂洋过海，酝酿了小半年的幸运才可以收到的礼物，更有意义……”

这就是我活得最随意的朋友与澈，一个从不在乎结果，只会努力去做的人。他喜欢旅行，看过很多风景，我一再强调看他拍的那些美照就已足够，他却固执己见，每去一个地方都要给我寄明信片。他乐此不疲，说功夫不负有心人，他觉得某一个时刻，我肯定会收到那些明信片！

事实上，我从未收到过明信片。

[2]

与澈有过一段难忘的爱情经历，他爱玫瑰四年，给她写了四年的信，却从未寄出过，因为她实在娇艳惹人爱，身边的护花使者更是层出不穷。但这依然不妨碍与澈爱她，他发誓要为她成为更好的人。

那时，更好的自己就意味着成绩优异，所以，与澈每天早出晚归，每年都得特等奖，但没有等来她的钦慕。但与澈依然爱得无怨无悔，他把写好的信小心翼翼地收好，说等有一天，她来找他，他一定拿出所有的信，感动她到非他不嫁。其实，那朵“玫瑰”根本不知道这个世界上还有个叫与澈的男人。

还好，与澈没有感动到玫瑰，却感动了老师。由于与澈勤奋好学，又写一手好字，他的每科成绩都很好，毕业时，他被保送读本校的研究生。我们一阵欢呼，蹦了很久，他却很沉默，说那不是他的梦想，他想当飞行员，因为玫瑰的梦想就是嫁给一个飞行员，他也觉得这个梦想很酷，看着飞机升起，再降落，眼前就是一个新的世界、新的城市。这才是最完美的人生体验吧？

他终于敢顺着自己的心活了一把，勇敢了一次。在这之前，他一直扮演一个好孩子、好学生的角色，他顺从他人的心意，小心翼翼地活着，突然在这一刻，他的梦想、他的世界，被一种崭新的激情，瞬间点燃了。

“可是，去当飞行员，这个愿望可能吗？怎样才可以做一个飞行员呢？”

我们纷纷问，同时，也替他有些着急。

与澈故作淡定地回答：“其实，梦想可贵在它的可能性。”

毕业时，我们对未来很迷茫，有些不知所措，其实大家不知道自己想要的究竟是怎样的生活。面对如此自信的与澈，我们其实挺羡慕的。

与澈放弃了保研，开始考研，他考上研究生那天，我们早已习惯了“格子间”的工作，待他读研究生一年级时，我们已经换了几份工作。

[3]

在与澈读研究生二年级时，母亲生病，急需一笔钱。正当家人一筹莫展时，他选择了休学，去打工。我们清楚地记得，那是一个夏天，与澈一个人干了好几份工作，每次看到他在酒吧里，从事与自己能力和专业不相干的事情时，我们都很心疼：“这个不太适合你干吧？太憋屈了！”

与澈都会摇摇头：“没事，我什么都能干！”

或许在那时的他看来，真没有什么合适不合适。他每天早晨四五点钟起来，去卖早点，然后去医院看母亲，再去实验室画图，晚上，他还要去酒吧打工……

当一天结束，他早已累坏，趴在床上。第二天，他还是会比闹钟先醒来，这才是我最佩服他的地方。

记得当时有个朋友正在失恋中，一直想找到解脱之路，他日夜买醉，自暴自弃。他找到与澈倾诉，与澈却没有时间倾听。看着朋友如此痛苦，他只好安慰：“时间都浪费了，太不值得了。这些时间可以做很多有意义的事情，我们一起去做吧！”

朋友最初很抵触：“我受伤了，心疼得要死，最有意义的事情，就是不让我难过。”

“其实这个世界上很多事情都比爱情重要。”

就在这样的安慰中，第三天，那个朋友居然完全自愈了：“你这么努力地生活，我却还在为一个已经离开的人伤心，岂不是太自私了？”

我依然记得那天傍晚，与澈被一辆三轮车撞倒在地，我们着急地把他送到医院，看到车主是一个老人，躺在床上的与澈居然比撞他的人还不安。

与澈挥手让老人赶紧回家，千万别耽误了正常生活：“小伤，小伤，过两天就好了，别担心！都赶紧回家，散了吧！”

“你这孩子，我得赔你医药费，这伤口没好呢，我不会走。”

“回去吧，没事，在这等伤口好的时间，我还不如去陪我妈！”

看车主不忍离去，他还特意站起来，不顾医生阻拦，让我们都赶紧回去，也顺道把他带回去，他有很多事情要做。

他带着伤口离去，在一个人的夜晚里，疼得睡不着，于是，他在夜晚给玫瑰写信。事实上，多少个夜晚，他独自难过时，或感到孤独时，都会给玫瑰写信，虽然他从未寄出过，但他默默付出的举动，依然让我们无比感动。

休学短短一年，母亲终于好起来了，与澈回归了校园。我们笑他年纪轻轻，却长出了白发，他却调侃说，如今流行白银色的头发，我们笑他瘦得没人样了，他却自豪地说，多少人健身都不一定能达到这个效果。

我永远记得，那天阳光刚刚好，他乐观相迎，光芒洒在他身上，他与身后的太阳融为一体，那么温暖、明亮。

[4]

直到最后，玫瑰都不知道有一个男人如此爱她。那些没有拆封的信，他一直如宝贝般珍藏着，那是他的年华，也是他的爱。

他依然那么安静，他是在回忆过往的时光，还是在细数从前的辛苦？他坚持到最后的惊喜，真的如约而至。

我想，我还在等那些可爱的来自大洋彼岸的明信片，我期待它们的到来。我会亲吻画面上的瀑布，告诉所有人，这些明信片是我一个朋友所寄。我们不仅爱他的坚持，更爱他的善良如初，真诚依旧。

好好呵护你的梦想

每个人都有自己或大或小的梦想，有的天马行空，有的平凡简单。而小时候我的梦想是拥有一家填满零食的小店铺，有无论我怎么吃，都吃不完的美食。长大后，我的梦想是成为一名小小的作家，写很多很多的故事，创造一个或几个和我有相似经历与情感的人物。无论我怎么疲惫，我都不会放弃实现它的信念。

梦想无论怎么模糊，它总悄悄潜伏在我们的心底，即使微小，即使脆弱，它依然与我们的人生长久相伴。在某个安逸或迷茫的时刻，它总会像一支振奋人心的歌，在我们耳边响起。

我们都是偌大世界里普普通通的一个人，每天在行色匆匆的人流中奔走，穿行于成功与失败之间；我们都是辛勤的耕耘者，在嘈杂喧嚣的环境中忙碌；每一件简单琐碎的小事，我们都会费尽心思，将它认真解决，即使无关痛痒，也会全心全意，因为它关乎我们明天的快乐。

我们都一样，一样的善良，一样的坚强，一样全力以赴追逐我们的梦想。

我们都一样，我们可以拥有一颗年轻的心，拥有梦想。

在看2014年10月4日的《我是演说家》节目时，我意外得到心灵的洗礼，收获一份关于成长的感悟：

八年前，一个盲人女孩独自坐上了从大连开往北京的列车，这是她第一次一个人离家，面对的是一个充满了未知的未来；但是她还是独自毫不犹豫前往了，因为这是她等了很久很久的一次机会，一次可能让她抓住梦想的机会。是的，这个女孩就是我。

我还记得刚上盲校的时候，才不满十岁，那个时候呢，老师就天天告诉我们说，你们一定要好好地学习推拿，因为这将是你们以后的出路。我真的不明白，为什么人生刚刚开始就能够看到结局呢？我为什么不能像其他人一样去选择自己想要的生活，去做梦。如果我连做梦都不敢的话，还怎么能谈让梦想实现呢？

2006年的一天，一个特别偶然的机会，我在网上看到了北京的一家公益机构，它可以帮助盲人朋友学习播音主持。其实那时候我一点也不了解播音主持是什么，它需要什么样的素质，可是我就像抓住了一根救命稻草一样，踏上了去北京的列车。我告诉自己，我一定要一个新的开始。

现在，我还特别清晰地能够回忆起第一次上播音主持课的情景，应该说那是我人生当中真正意义上的第一堂课。当老师授课的时候，我一下子就被他的声音吸引住了，第一次知道原来声音可以具有这么大吸引力。我爱上了播音，开始拼命地练习，每天除了睡觉之外，其他时间都在摸着盲文，去练习每一个字的发音。确实累，但是觉得很幸福，因为我终于看到了希望，因为我终于找到了我最想要的东西。后来我参加了一个朗诵比赛，我是唯一一位盲人选手，而且获得了一个不错的成绩——二等奖。之后，有一位评委，她找到我说：“我是敬一丹，你想去中央人民广播电台吗？”天哪，你知道我听到这样的话是什么样的反应吗？中央人民广播电台那是所有播音人心中的梦想，对不对？那是所有播音员心中的殿堂，对吗？所以我当然想去。一个冬天的清晨，一丹老师拉着我的手，带我走进了中央人民广播电台的直播间，我坐到了电台的话筒前。那天我真的像得到礼物的孩子一样，特别兴奋，感觉全世界都听到了我的声音。

我想说曾经不懂事的时候，我也抱怨过命运的不公平。但是我现在并不这么认为，有时候我在想，如果我真的能够看得见的话，可能就不会像现在这样，去寻找一种不一样的人生。站在《我是演说家》的舞台上，透过手中的这支话筒，我特别想对所有的人说一句：命运虽然给了我们一双看不见明天的眼睛，但是并没有给我们一个看不见明天的未来；我可以接受命运特殊的安排，但是绝不能够接受自己还没有奋斗就过早地被“宣判”，不要把自己的梦想逼上绝路。你的潜能比你想象中更强大。

我们要学会处变不惊，学会用汗水洗涤失败的痛苦，学会用坚强去战胜颓废后的失落，学会用微笑去对抗困难，学会用独立去代替依赖。

我们要学会知足常乐，在平淡如水的日子里演绎那个不平凡的自己，用一颗简单的心去感受生活的波澜壮阔。很多时候，我们富了口袋，但穷了脑袋；我们有梦想，但缺少了思想。在我们孑然一身的时候，其实我们并不贫穷，因为我们还有口袋里那沉甸甸的梦想。

还没坚持多久，别老想着放弃

[1]

闺蜜说，她觉得累一点挺好的。

作为一个职场妈妈，孩子一周岁之前，她的生活基本处于“在路上”的状态。

她是母乳喂养的忠实拥护者，九点去公司，十一点半匆忙驱车回家喂孩子，下午一点半又赶回公司工作。实在脱不开身的时候，让保姆或者家人将孩子抱来公司。最后，甚至用上了挤奶器，贮存一部分母乳在冰箱里。

疲惫成了生活的常态，甚至连婆婆都看不下去，劝她说：不如就戒掉母乳吧，反正一周岁也差不多了，来回跑太辛苦，看你都累成什么样了。母亲也来做说客：辞职在家看孩子吧，又不缺你这点钱花，差不多就得了。

闺蜜说，还没累到那个地步。她就这样坚持了两年。两年之后，她不必奔走于路上，终于可以安心地上一天完整的班儿。她自己都觉得松了一口气。

原以为她从此过上了王子与公主般恬静安然的生活，可以好好地做个贤妻良母，谁想到，好久不见，再会面的时候，她的工作竟比从前排得更满。

她在职场的位置已然是管理层，手下有四五个姑娘、两三位男士。在此之外，她还开了一家品牌服装的连锁店，入驻商场女装楼层最显眼的位置，成为真正的老板娘。

这个女子，完成了家庭与职场之间的平衡，并在其中寻求了一条可持续发展的道路。一路荆棘，却走得津津有味，最终豁然开朗。

她觉得不能放弃，自己还可以再坚持，生活还可以过得更好，还可以按照自己想要的模样再次开花。

她在奋斗的过程中，也一度因为得不到理解而纠结是否应该选择安稳一点的日子而哭泣。只是黎明到来之时，她再次下定决心，誓将磨炼进行到底。

[2]

每个人，都会有无数次想要放弃的时刻。但没有波澜，就代表着没有好奇与发现，生活就少了很多乐趣。

我的合作伙伴中有个女人，典型的天不怕地不怕作风。前不久生了二孩，我去看她，从我进门到我离开，她一直在接电话。一个躺在床上坐月子的女人，没办法出门，只好远程遥控。我劝她把生意交给公司的其他人去做，或者交给老公去做，自己这么拼，累不累啊？

她笑道，一些大的客户必须要亲自对接，没办法，确实挺累，做梦都在签合同，也想过要不就不做这些生意了，反正在坐月子，丢几单也没什么。但是下一秒就又想，不做可不行啊，孩子的奶粉、纸尿裤、安全座椅……都得花钱。

这不，孩子才刚满月，她就跑去外地出差了。

一个女性朋友减肥，她的身材用她自己的话来说就是已经算得上滚圆。她发誓一定要瘦下去，每晚坚持夜跑并睡前做二十分钟平板支撑，结果没几天就与我们诉苦，不想坚持了，太累。

可是一想到商场里看上却穿不上的裙子，一想起自己照镜子的时候，便决定再试试，说不定哪一天，运动见成效。

[3]

真正的生活应该是细水长流，没人可以轻易从穷变成百万富翁。你看有人光鲜亮丽、风头正劲，他可能正经历需要熬一熬的寒冬。

你也一样。等一切水到渠成的时候，你大概都不曾想到，原来你也可以如此强大。那些坚持终会值得，那些不曾放弃的努力，一定会成就你。

不是没想过放弃，只是觉得还能再坚持。

别轻易放弃了那些信誓旦旦的梦想

有谁记得自己最初的梦想，或许已经被生活中的琐事所淹没，曾经的信誓旦旦，或者对于未来的美好想象渐渐变得模糊乃至全部遗忘。直到忽然有一天，你看到别人正牵着的那只梦想气球，在阳光下熠熠闪动，格外刺眼，此时羡慕和嫉妒不足以形容心情，而心中的失落感，不言而喻放大好几千倍，这时候有个声音反复在耳边回响：不要让别人实现了你的梦想。

是啊，说好的远方呢？曾经的梦想呢？也不知道为什么，这句话深深地钻进我的脑子里，也引发了我无限感慨。我突然想起了一件严肃的事情：我小时候的梦想到底是什么？

我们中的很多人，并没有好好呵护自己的梦想。我们迷失了自己，忽略了自己。

你不停追梦，现实未必照得进阳光；你寄情韶光，韶光却未必等得了你。生活一直在继续，也许再也找不回曾经的自己。

尼采说："生命最难的阶段不是没人懂你，而是你不懂你自己。"我说："生活最大的悲剧不是没人爱你，而是你不爱自己。"

因此，懂自己吧，爱自己吧。

让自己"做对"，而不是和自己"作对"。

"对得起"自己。

著名学者周国平先生说："老天给了每个人一条命，一颗心，把命照看好，把心安顿好，人生即是圆满。把命照看好，就是要保持生命的单纯，珍惜平凡生活。把心安顿好，就是要积累灵魂的财富，注重内在生活。平凡生活体现了生命的自然品质，把这两种生活过好，生命的整体品质就是好的。”

可见，回归到生命的本质是解决这个问题的良药，那就是做自己、爱自己、应酬好自己、照顾好自己，对得起自己。

这里说的“对得起自己”不是及时行乐，不是放纵自己，不是自私自利，也不是指“说走就走的旅行和奋不顾身的爱情”。人，要有梦想，也要有担当。生活，需要松绑，也需要飞翔。

梦想再大也不嫌大，追梦的人再小也不嫌小。

当有能力的好人。替别人着想，为自己而活。不管是优雅转身还是华丽撞墙，至少我们要看到黄河。内心强大，不怕误解。我们的内心，有一个大大的梦想，每一天都为它奔忙。不慌张，有主张。总有一天，时间会证明你是对的；总有一天，会有人理解你。不要把自己的梦想“拱手相让”！

超越才华的“野心”，才能发挥一个人的最大潜力

才华配不上“野心”，并不可怕，大不了拼尽全力。可怕的是你的“野心”配不上你的才华，辜负了天赋才能，庸碌此生。

[1]

不要让你的才华配不上你的野心，这句话很多人都听过。

野心之所以称之为野心，就是因为它超越了一个人当下的能力，需要努力拼搏很长时间才能够实现。如果一件事情，并不需要努力，或者稍微努力一下就能实现，那就不叫野心了。

我遇到过特别优秀的人，但是一些优秀的人却没有过上特别好的生活，反而是那些并不怎么有才华的人，最终过上了想要的生活。

我表哥，比我大两岁，不爱学习，初中毕业就辍学了，跟工匠学过漆匠。有一次，他还带着我去看他的作品，是给他们村一个婚房漆结婚用的衣柜。

后来他还学了一段时间的木匠，然后又跑到西安跟装修队给房子装水电。我姨说我表哥不读书，没出息，就只能做这些出力活。

前年，我表哥自己当了老板，有了自己的装修队，包工程，赚了很多钱。

表哥说，他从初中辍学的时候，就想着当老板，他当学徒的时候，就盘

算着自己当老板，领着一帮人包工程。

有时候我们过分忧心自己的才华，生怕自己的野心配不上才华，从而降低要求，抹杀梦想。其实，我们更应该担心的是自己的野心是不是配得上自己的才华，因为当才华配不上野心时，我们可以慢慢努力，逐渐靠近梦想。但是如果我们缺少野心，生活失去了梦想的牵引，就会陷入平庸。

[2]

我们村里的人都是种地为生，但有一个例外。

那个人说自己想闯出一片天地。

村里的人都笑话他，意思就是癞蛤蟆想吃天鹅肉。

可是这个人，攒点钱就往县城跑，后来还跑到深圳去了，坐的是火车，去了一个多月，花了好多钱，他父亲说他是败家子。

这些都是我听人说的，等我记事的时候，这个人已经干起了外贸的生意，批发服装，生活过得相当不错。

[3]

野心，是一个人不向这个世界妥协的证明，也是一个人逆袭的最大利器。

正如我村里的这个人，虽然他年轻的时候，经常被他爹骂不争气，但是他凭借野心，过上了让村里人羡慕的生活。

我是在农村上的小学，学校条件很差，教室一下雨就漏水。

小学三年级语文老师经常给我们讲她的故事。

据语文老师说，当年她的成绩特别好，考个大学绝对没问题，可是她上高二的那一年，村里小学教师短缺，县里给分配了名额，有正式编制。她一听，不用考大学就能有工作，还有正式编制，就动心了，放弃了高中学习，在村里当起了小学教师。

而她们班，一个学习成绩不如她的女生，考上了一个专科，后来又读了专升本，再后来还读了研究生，在重点大学当上了教授。

按照我们语文老师的话说，觉得当个小学教师就很满足了，没想着还可以有更大的梦想。

[4]

超越才华的“野心”，才能发挥一个人的最大潜力。

一个人的才华到底有多大，其实很难衡量。

从小没接触过乐器的我，学了一段葫芦丝之后，竟然也能吹出曲子。练个几个月的毛笔字之后，也能写得有些样子。

认识一个作者，他是一名警察，从小他想成为一个作家，后来想靠写文为生，想月收入过10万元，想成为有名的畅销书作家。

他努力地写作，如今他已经出了五本书，成了有一定影响力的作家。

如果不是靠着野心支撑，他也不会成为一个作家。

[5]

野心并不意味着贪婪。

人活着，对于这个世界是要有期待的，而期待指的就是野心。

有野心的人，这一生注定激荡饱满，缺少野心的人，可能不是平凡，最有可能接近平庸。

一定要让你的野心超过你的才华，然后用努力去弥补差距，如此，才能减少遗憾。

你的野心，才是你变得优秀的动力。

不要让你的野心辱没了你的才华，因为你要对你的才华负责。

有梦为马，便随处可栖

浪荡天涯的孩子，忽晴忽雨的江湖，愿你有梦为马，随处可栖。——《以梦为马》

像我们这种做广播的，天天要说很多话。所以每当下班回家之后，我就会把自己放到一个特别安静的环境里，最好一点声音也不要出现。但是今天晚上，也许是窗外下雨的缘故，我突然很想找点东西来听听，哪怕只是一首歌，哪怕只是一段简单的声音问候。随意点了电脑播放器里面的随机播放，温暖的女声瞬间抓住了我的耳朵。我很少有喜欢的女主播，可能因为自己就是一个女主播的缘故吧。呵，自恋情节太重，所以老觉得自己的声音才是最舒服的。可是，今天不一样，这个声音也让我瞬间安静下来，整整听了半个小时。

不瞒你说，这个女主播是我一个许久未曾联络过的好朋友，喜欢奶茶刘若英，所以我们叫她奶茶小姐。“90后”的她却有着“80后”的心，双鱼座，浑身上下充满着文艺知性的味道，却是众人眼里的“傻”姑娘。说起她的故事，我第一个想到的就是大二那年她与我彻夜聊异地男友的爱情。第二个想到的就是她曾经在我面前对我说：“小北，我觉得我好像除了会广播，一无是处。”你看，就是这样一个女孩，除了广播，她觉得自己什么也做不了。

2013年，对于大四的我们来说是残酷的一年。面对未知世界的茫然，面对梦想生活的抉择，面对内心挣扎沸腾的不安，我们都上了追梦之路。

九月初，奶茶小姐买了迄今为止最大的一个箱子，去了武汉。下了车之后就远远地看见君君和土人先生朝她挥舞着的双手。她笑容灿烂地朝他们走了过去。土人先生接过她的行李箱顺手递给了她一张明信片，明信片上印着武汉地铁路线图，明信片来自“昙华林大水的店”。

君君说：“以后就在武汉了吧？”

奶茶小姐看了看武汉灰蒙蒙的天，点了点头十分肯定地说了声：“嗯。”

土人先生走在最前边带路，边走边说：“明信片上面的图你一定用得着，下次有时间就带你去昙华林，那绝对是你喜欢的地方。”

奶茶小姐笑着说：“好。”

这是她在武汉的开始，从那时起，她就常对自己说，也许，人生的转折会从这里开始。

怀抱着信心满满的斗志，她开始积极地熟悉着这里的一切。用最快速的时间找到了房子，联络到了同在武汉的兄弟，也顺利见了提供给她实习机会的人。一切都那般顺利，让她对这座印象本不怎么好的城市也开始有了那么一点点的期待。

去实习单位报到之前，她一有时间就打开百度地图满大街地跑，看图转换公交、地铁，希望能够尽快地融入这个城市。那时候她跟大学期间最好的哥们儿在循礼门合租，武汉的老复式楼，旧但安全。记得最初那一个星期她每天在电话里都要跟家人解释：“对，我这个哥们儿你们绝对放心，老实人，不会对我怎么样，生活上还能照顾我。”事实证明这哥们儿的确老实，第一天早上他上班要转车，先出门了，怕奶茶小姐一个人在家不安全于是把门从外面反锁了，那天是奶茶小姐去实习单位报道的日子。她要出门时，发现门怎么也打不开，打电话给他，他又从公司一路转车回来，花了四五十分钟回家“解救”奶茶小姐。她实习的第一天就光荣地迟到了。

奶茶小姐实习的单位是湖北广播电台，乘坐地铁2号线到中山公园站下，每次出地铁站的时候，她总是习惯性地抬头看一眼，看见湖北广播大楼的大荧幕上闪过她最爱的广播节目主持人许韬的照片。那个时候她会一个人安静地在大楼下站两分钟，在那两分钟里，她曾无数次幻想关于自己美梦成真的画面。她默念着："我可以离家远一点，我愿意一个人在异地生活，我可以不谈恋爱不结婚，我只有一个愿望，就是在这栋大楼里有个位置，当个有分量的广播节目主持人，像许韬和简然那样。"然后鼓起勇气面带微笑地迎接这座大楼里的一切挑战。现在回想起来，那时候的心纯粹得就只剩下梦想了。

但是，一切没有认为得那般简单，以前的奶茶小姐总认为做广播无非就是写写文艺的稿子，到了时间，准点坐在话筒前面面带微笑地给大家讲故事。讲完故事之后就可以收工回家睡大觉了。可是现实中呢，她每天要给同在办公室的前辈写稿子，写各种稿子，新闻、咨询、路况、音乐、综艺各个方面的。几乎所有节目的稿子她都写过，而且每天的风格都在变化。但是用到的少之又少。每当看见那么辛苦编辑出来的稿件被丢入垃圾桶的时候，她只对自己说一句话："沉住气，该来的一切都会来的。"

武汉的物价不比北京低，那个时候没有工资她也只能咬牙坚持。每天按时按量完成办公室里的前辈交给自己的任务，见每个人都微笑，生怕自己有哪处做得不妥。只要能走进那栋大楼就会觉得满足，哪怕上不了直播，但只要能跟着自己喜欢的主持人的节目组就满足。

后来终于有了一次机遇，她写的情感故事稿件被夜间节目的一个主播人看中，并且邀她加入自己节目的编排，甚至成为嘉宾。她也终于第一次在这个城市和自己心爱的广播亲密接触。

那段日子，辛苦但快乐。每晚十一点才下班，然后整理好东西回家。从武广到循礼门，一个人过地下通道时，总会看见有个和自己差不多大的小哥在那儿唱歌，唱的歌曲她有的听过有的没听过。不过，每次看见他，她都会觉得心安，总觉得在这座城市里有人和她一样在坚持着自己心里那份小小的梦想。然后一个人走夜路回家的孤独感也瞬间减半了。

之后，日子就那么按部就班地过着，仿佛一切就快要步入正轨之际，奶茶小姐却做出了一个重大的决定，她要离开武汉。

很多人后来都问过她，其中也包括我。大家都说："为什么要离开呢？眼看你的梦想就要实现了，那个时候离开不后悔吗？"

一大波的问题向她袭来，而她给出的答案却是："没有原因，就是一时的兴起。或者想要去一个更加遥远的地方追求自己想要的。"

事实证明，她的选择是对的，后来她和我们说起的时候都抱着一种庆幸的心情。

离开武汉的那天，是凌晨四点，好哥们儿陪着她从租住的房子打车去青山高铁站，头一次她感觉循礼门到武汉站那么近，司机开得那么快，那个时候她多希望路上来个堵车什么的，让她还能再多看几眼这座城市。快要到达的时候，奶茶小姐转过头对哥们儿说："凌晨的武汉好美。"然后下车，头也不回地涌进了人流。火车鸣笛的那一刻，奶茶小姐脑海里突然回忆起这座城市的些许片段：

渣家小路夜市的三鲜煲、循礼门地铁站旁的大润发、中山公园附近的书店、户部巷里民院学姐开的文艺小店，甚至那个每晚唱歌陪伴自己走一段夜路的吉他小哥。

本以为记住了很多，慢慢地，却只记得这么多了……

同样是那年的十一月，奶茶小姐来到了她的第二座城市：珠海。这是一个与武汉全然不同的城市，也开启了她全然不同的生活。她通过发送自己的声音小样，成功成为珠海电台一个全新频道的实习生。本来以为进来后就可以安心工作了，没想到等待她的却是残酷的现实。一共进来三十名实习生，为期三周的实习，几乎每一周都要淘汰六七个人。那个时候，为了不被淘汰，奶茶小姐和同事们几乎是不眠不休，每天重复的事情就是写稿子、录音、做版头、做广告。巨大的工作量几乎把他们折磨得“遍体鳞伤”。

连续两天一夜她没有休息，为的就是把那个广告做出与众不同的感觉来。她发泄情绪的方式是偷偷躲在厕所里面哭，甚至她都不敢哭出太大声，怕影响其他努力的小伙伴。有时候她问自己，为什么要来这里，当初的选择到底值不值得？不过，她心里给出的答案就是不后悔。于是，她打起精神重新投入工作。终于在第三天早晨交出了创意十足的作品。最终，她幸运地被留下来了。

三十个人，最后留了七个人，她是其中的最后一名。她也曾自卑过，茫然无措过，总觉得自己跟不上节奏，但是她最终还是告诉自己：没事，慢慢来，走慢点，一定能够到达终点。

前不久，我在她的微博上看见她入选了珠海市的活力女主播。看到照片中她和一群女主播们站在一起时露出自信笑容。我心里不禁涌出一股浓浓的感动。

奶茶小姐，在自己故事结尾写了这样一段话给我，她说：

多庆幸，转换了城市，初衷未变，依然能在南方海滨小城里实现曾经的梦，做着此刻的梦。

知足此刻，感恩当下。

看到这些文字，想着想着就笑了。

哪怕曾经以为的不堪，也已经和解。

浪荡天涯的孩子，忽晴忽雨的江湖，愿你有梦为马，随处可栖。

你不放弃梦想，梦想就不会抛弃你

安柏是个慢半拍girl。

她比别的小孩晚说话，牙齿比别人晚长，个头到高三才突然蹿高，情窦啊，都已经25岁了还没开。

她总说，慢点没关系，只要我把手伸高一点，一点再一点，总有一天，我也能摘下天上的星星，虽然可能比别人迟了一点点。

考不上大学，她就重修一年，虽然迟了点，还是很大家站在了一个起点。

800米没别人快，就每天早起跑步，一天多跑一段，时间久了，自然也追上了大家。

刚毕业工作没别人好，就一点点积累经验，最终还是跳槽到了一家口碑很好的公司。

生活就这样被她熬成了一锅细细烹炖的慢汤。

认识李斯的时候，17岁该有的少女心姗姗迟开在了安柏的25岁。

那时候，新官上任的李斯刚和交往了5年的女朋友分手，他话很少，脸上的表情多数都是像刀子般冷冽，这样一只每天把所有精力都投入到工作里的疯牛，毫无缘由地，竟然敲动了安柏的少女心。

安柏和李斯是隔壁部门，她没有表露过对他的喜欢，她每天第一个到公司，会帮李斯把桌子擦一遍，主动申请了工作量，默默地陪李斯一起加班，当公司只剩下两个人的时候，安柏望着50米外还暖黄的灯光，可以发呆一整个晚上。

刚失恋的男人再加上工作狂的属性，李斯果然没怎么注意到安柏。

安柏从来没有着急过，她偷偷在他桌上放盆栽，下雨天假装多带一把伞，加班的时候会帮他多叫一份餐，慢慢地，李斯知道了这个经常加班的勤奋女孩，加班吃晚餐的时候会和她聊聊天，后来会开始顺道开车送她回家，过了整整一年，他们从不太熟悉的同事变成了可以帮对方照顾汪星人的朋友。

闺蜜和安柏说，你也老大不小了，要不要再看看别的男人，都当了一年的朋友了，对你有感觉早表达出来了。

安柏只是笑笑说，相比天雷勾地火，我更喜欢慢慢琢磨的感情，我知道我每一天都在更加了解他，而他亦是，很多很多的喜欢积攒多了，这种习惯应该就是爱了吧。

有人说，当你真心渴望某一件事情的时候，全宇宙都会联合起来帮助你。

在认识将近两年的时候，李斯终于爱上了安柏，而且是把那个5年的前任在心底剔除得一滴不剩的情况下，爱上了安柏。

爱情总会来，虽然可能会迟到，但只要能来，那就好。

公司规定不允许办公室恋情，那时候安柏马上面临着一个晋升机会，为了这个机会她也是等了两年。李斯说，先不公布恋情吧，这次的晋升可是你的职业理想。安柏说，我喜欢坦坦荡荡的爱情，等了2年，等到了你，我不介意再等2年，为了另一个理想。

安柏离开了公司，在新公司多花了1年的时间，还是实现了职业理想。

此时，安柏已经29岁了。她和李斯的感情很稳定，照理说一切水到渠成，他们应该结婚了。29岁的大姑娘总是有点着急的，可安柏偏不，她说，她一定要谈满两年的恋爱再结婚，这是她还没谈起恋爱前就有的坚持。

30岁的时候安柏嫁给了李斯，亦是比别人晚了些，他们32岁才要的小孩。

这个凡事都比别人迟了一点点的安柏，最终，还是把所有想摘的星星都摘了下来。

有人说，念念不忘，必有回响，我想很多时候我们不能实现一些目标，都是因为觉得路太漫长夜色太黑而自我放弃了。在漫长的等待岁月里，安柏从来没有放弃过，她一点一点地伸手，一点一点地更靠近星空，最终，把满天的繁星变成了手中一个一个迟到的确幸。

因为凡事都比别人慢了一拍，安柏特别注意保持自己的状态，特别是那双用来摘星星的手，她更是爱惜。

她说，即便是27岁初恋，我也要把一双初恋该有的20岁的手交到对方手中。

她说，即便是32岁生小孩，我也要用一双25岁妈妈该有的手来柔软抚摸我的孩子。

她说，这双为了帮我实现理想而每天奔波的手啊，不让它们变老就是我的感谢。

没有皇冠加冕的路，更该好好去走

[1]

小黎又跳槽了。这次是一家业内颇有名气的公司，听说每年的营业额大得吓人。而小黎为了这份新工作付出的代价是：从最底层做起。

其实我觉得，小黎原来的工作也没什么不好，虽然说工资稍微低了一点，但是胜在工作轻松，薪水稳定，还有五险一金这种像我这样的“无业游民”享受不到的待遇。

但小黎是一个不容易满足的人，换工作之前，我从她那儿听到最多的，是她对工作的抱怨与不满：工作内容太简单，枯燥乏味，没有任何挑战性。

初到新公司的小黎，对生活的信心达到了一个新的高度。每天勤勤恳恳地完成着以前她最看不上的、枯燥乏味的工作，从不迟到早退，对上级尊敬有加——只为了吃到当初面试时，面试官给她画的那张大饼：成为白富美，赢取高富帅，走上人生巅峰。

可是生活不可能一帆风顺，就在小黎觉得她与梦想越来越近的时候，总经理女儿空降办公室，连声招呼也不打，就占据了那个小黎一直在努力争取的位置。

那天晚上，我被小黎叫出去，在烟雾缭绕的路边摊陪她撸串。这姑娘喝了一瓶啤酒，舌头都捋不直了，可还是坚持不懈地跟我吐槽她们公司，她们经理，还有她们经理的女儿。

说着说着她就哭了，啤酒瓶子被她摔在地上，骨碌碌转了两圈，连个裂纹都没有。

［2］

“你看看，连酒瓶子都跟我对着干！这日子没法过了！”

我还记得，小黎曾经骄傲地跟我说，她换了新的座右铭——别低头，皇冠会掉；别流泪，坏人会笑。

可这句话给我的第一感觉是，有点幼稚。但我没敢说，怕她为了让我赞同她的想法而在我耳边喋喋不休。

这个有梦想的傻姑娘不知道，世界上，不是谁都有那么一顶皇冠的。

你不得不承认，有些人生下来就含着金汤匙。

而有些人，赤手空拳，一招一式走天下。

［3］

那次撸串后不久，小黎又一次联系我，跟我说，她找了份新工作。

我不知道这世上究竟有多少人，像小黎一样，口口声声说着“欲戴王冠，必承其重”，可在面对困难时，却只剩下一味地退让和软弱，哦，还有逃避。

世界这么大，哪里没有些不公平的待遇呢；世界这么小，你逃得了今天，逃得过明天吗？

说到底，真正有底气的人，根本不会在意自己的头上是不是有那么一顶冠冕。他们冷静睿智无所畏惧，是命运也愿意垂青的人。如果最后他们真的得到了冠冕，也是经历了岁月的沉淀、世事的洗礼后，才能得到的生活的嘉奖。

真正属于你的皇冠，无论你在风雨中挣扎多久，都不会褪色，只会历久弥新；且不管你低头与否，它都不会掉落。因为它身上有你的印记，坚强、勇敢、不轻易放弃，像你胸膛里那颗年轻却坚韧的心，哪怕遭遇了太多苦难，也没想过逃开，始终有昂扬的姿态。

在有资格得到它之前，请以安静傲然的姿态，认真地过每一天。不轻易悲喜，不随便放弃，好好走过这段没有皇冠的路。

物质丰盈了，可你的精神自由吗

[1]

最近去看望定居在日本的妹妹，她向我推荐了一部最近日本流行的电视剧——《我的家里空无一物》。

本剧节奏不快，剧情简单，在经历了大地震后，女主角麻衣开始审视自己的生活，决定开始以极简为原则，简单地生活下去。

简单到什么程度呢？客厅只有一张矮矮的桌子，供一家四口盘腿而食；打开橱柜，只有合量的筷子和碗；衣柜里只有勉强够轮换的衣服。一言蔽之，只够生存。

一开始会觉得很不正常，但仔细想想，也值得深思。

麻衣之前是个邋遢少女，笔记里写满对男友狂热的爱，考试时都忍不住写下告白，整个房间塞满收集的男人对她爱的证明物件。分手后，她脑洞大开幻想自己死后的样子——警察进来清理现场，发现这个女生一直在收集爱的垃圾："大概脑子里也只有这些过期的回忆吧。"

婚后的麻衣，经历了地震。她惊恐发现，平时被教导的屯集的各种自救物品其实并没有用，因为关键时刻房间很乱很脏，她连一瓶水都找不到，何况那些很久都没打开的自救包？

妹妹告诉我，日本现在有一波年轻人，在物质极度丰富的情况下，坚持

“不持有之道”。

功能同质的绝不保留，长久不适用的东西必定捐赠。他们衣着朴素，三餐简单，随时拿起的东西，都是经常使用的；发呆想到的问题，则是长久思考的。

[2]

《断舍离》的作者山下英子曾说过，她很喜欢中国读者为“断舍离”提出的口号——“减法生活、自在人生”。

豆瓣里有一篇著名的书评，则更精确概括了断舍离的思想：扔掉看得见的东西，改变看不见的世界。

在日本，除冥想外，僧侣还要做家务、清洁和园艺工作。他们怀着尊敬之意，悉心照料周围的一切，因为他们知道，他们的修行就是和红尘中的过往做断舍离。对僧侣来说，扫帚也是神圣之物，当他们拿起扫帚，首先打扫的是自己的灵魂——每天都对自己灵魂进行一次打扫，抛开过往的记忆，向前看。

我采访过山下英子，问她与自己孩子的关系。她儿子今年32岁，已经有了自己的家庭。在经历原生家庭带来的思考后，山下清楚地认知：努力不再以父母与孩子的关系来和他相处，而是将他看作一个独立的人来面对。

断奶大家都经历过吧？山下说，比断奶更难的，是在日后人生中，实现与孩子的精神断奶。作为父母，给孩子提出建议以及说出自己的希望，是理所当然的事情。但是，太难有人去承认，真正进行“选择和决断”的应该是孩子本人。

在山下看来，日本妈妈有一个倾向，就是通过孩子来实现自己的同一性。日本妈妈总希望自己是一个“拥有社会性评价较高的孩子的妈妈”，而一旦自己的孩子的社会性评价不高，就会责备自己。在山下看来，这种不愿意放手带来的耻辱感，正是真正断舍离的反面。

[3]

现在的女性，其实比上一代人更缺乏安全感，她们常常掉入这样的思想陷阱：“如果现在不做你想做的事，以后就来不及了；如果现在不抓住这段感情，以后就再没有了。”

这句看似没问题的话，包含了消极的态度，以及偏激的思维模式——因为你现在所想的都是“我不想将来后悔”“我讨厌后悔”“将来只剩下后悔”。

其实越是想从后悔中逃离出来，越容易被后悔所纠缠。但是，不要将焦点放在将来后悔这件事上，而要充分享受眼前的事、物、人。如果做到这一点，那么人生就会变得有趣起来。

正如日剧《我的家里空无一物》里表达的：空间、阳光、整洁，这些就是我生活中需要的，别的东西我都会做定期的整理收纳。整理屋子就是整理思维。清理杂物有利于生活，减少思虑也会为新的思维让出空间。我每次收纳同样也是一次思维的清理。这样对于生活和工作都有极大的益处。

老子说过，抱朴守拙。这个现代日剧，表达了一种充满诗意的最理想状态——只拥有必需的生活用品，生活在一个梦想之地，居室无可指摘，身体经过了劳动的锤炼，灵活而保养得很好，同时还能完全不受干扰地生活和工作。

因为，精神能保持自由之时，就是我理想的幸福之日。

我这一两年很少买东西，因为以前买得太多，现在实在放不下了，哈哈！够用就好。

有时在小区门口，看到年轻女孩往旧衣回收箱里塞的衣服，其实大多数都是七八成新，只是有些颜色不时兴了，有些款式有点旧，心里就感叹，当初少买点，今天还能省一份提下楼的力气呢。

极简并不是件简单的事。所有的云淡风轻背后都有着很深的积累。希望我们能一起努力，早日摆脱物欲控制，达到精神自由之时。

别白白错失了你眼前的机会

听高晓松讲过一个故事：当初，高晓松还在上学时，写了《同桌的你》的歌词，一开始并没想要找老狼唱，原本是要找当时学校的另一个校园女歌手来唱。可是，这个女歌手为了爱情跟着男友去了一个小城市，并不太看中这个机会。于是，高晓松只得另寻他人。这时候有人推荐了老狼。于是，《同桌的你》就落在了老狼头上。于是老狼将《同桌的你》唱遍大街小巷，从此，老狼和高晓松闻名全国，成了民谣的领军人物。再回头看那个女歌手，错失了《同桌的你》这样的佳作，后来和男友也分手了。可谓是爱情和事业双重打击。

每每想起高晓松讲的这个故事，都会为那个女歌手叹息。因为她错过了这千载难逢的机会，拱手让给了别人。

要我选，我可能会选择事业，尤其是面对千载难逢的机会的时候。

也许，我们年轻的时候，错过了这个机会还会有下一个机会。但是我们可能不知道，有些机会这一辈子只会碰见一次。

再回头看看高晓松，他自己都说虽然现在比从前更有名了更有钱了，可是再也没有写出《同桌的你》那样脍炙人口的歌曲了。

为什么？是他没有才华了吗？是他不勤奋吗？不是。只是，那样的时代已经过去了。所以，如今的高晓松，也许生活经历更丰富，也许感受更为深刻，但终究写不出那样纯粹的音乐。就算写出了那样的音乐，可能也没有听那样音乐的知音了。

假如，赵薇没有参演《还珠格格》，我不知道是否还有现在的赵薇。一个机会真的可以改变一个人的一生。

当然，最好的选择是，你的爱情也支持你的事业，你的爱情也有利于你的事业。

当然，错过一次机会的人也不用灰心，只要坚持，也许还能等到下一次机会，等到下一个风口。

最后，我希望你在面临机会的时候，能有一双慧眼，别错过了机会，因为那个机会很重要。

为实现目标，做好所有准备

有次我招实习生，一个体校在读的女生来面试。她学的专业不是很对口，但简历末尾特意加了一段话："我真的很喜欢你们的品牌，也为之付出了许多时间和努力去研究探索，请给我一个表达的机会。"因为言辞很恳切，所以我给了她一个表达的机会。

面试进行得很顺利，快结束的时候，我想验证下她简历里说过的话，于是故意提了几个超出实习生考核标准的问题让她回答。结果，她对我们公司的业务和品牌非常了解，侃侃而谈，对答如流。虽然有些地方张冠李戴了，但可以看出来真的费了不少心思去收集信息和做准备。

我很犹豫，因为她看上去很有潜力，可她又确实缺乏相关的经验。"你的资质不错，可你真的缺少经验。"

她说："您给我一个机会，我保证在最短时间内满足公司对一个实习生提出的最高标准。"

我说："说实话我很缺人，所以我希望招到的人，是第一天坐在座位就能立刻上手干活的。"

她毫不犹豫地说："我肯定可以。"

我笑了笑，她立刻说："我真的可以。您看，我大二就考过了英语四级，可是高中我学的是俄文，英语完全是进了大学后自己狂补上来的。"

最后，我当然给了她这个实习的岗位，因为从头到尾她表现出来的那种恳切的心情，比其他任何客观条件都更能打动我。虽然在同一批候选人里，她各方面的素质只能算中等，但她用每一个细节来说服我，她比其他任何一个人都更需要得到这个机会，一旦给了她，她就会用全力抓住，并努力使自己与之相匹配。

事实上，她在接下来三个月的实习期里的表现，远远高出了我的预期——本来其他人都是在用平常心态做实习的工作，只有她给人的感觉是在“拼命做”。

出实习证明的时候，她问我：“等我毕业了，再来申请你这里的正式岗位，会不会比别人更有优势？”我回答她：“当然会了！”而我心里想的实际上是：有了这份实习得到的经验和技能，等你毕业后，完全可以拿到更好的机会了！

还有一次，老同学让我帮她的一个师妹准备一个面试。之所以找到我，是因为师妹申请的岗位，恰巧就是我曾经做过的岗位。这位师妹专程跑来找我，我们实际演练了一次，又通了两次漫长的电话，反复推敲一些细节说辞和可能出现的状况。

我妈看到很奇怪地问：“你不是不爱管这些闲事吗？上次让你帮刘阿姨的女儿，你怎么两句话就把人打发走了。”

我说：“刘阿姨的女儿太懒了，简历上还有错别字就发过来了，然后指望着我帮她改好了递进去。”

发一个基础版的简历就指望我去帮她修改？那怎么可能。

我们每个人在实际生活中，都不免有求于人，也不免被别人求助。而绝大部分人，其实也并不讨厌提供帮助，有时候我们拒绝，只是因为厌恶那种“自己不做任何努力、就希望只靠关系不劳而获”的人。

当你希望对方给你一个机会的时候，你往往要先向对方投递一个“你为什么要帮助我”的信号。这个信号，不是靠词语堆砌成的，它应该是你为之付出的时间、努力和既有成果的总和。机会的大门，不能空手叩响，你需要手里端着一些东西，在叩响大门时，给从门缝中窥视的守门人看。

最后，我想讲一个真实的故事。一个朋友非常想进一家游戏公司，他留学时申请的专业，就是比照着那家游戏公司的一个岗位去申请的。可在读硕士期间，他先后申请了那家公司三次都被拒绝了。但他真心很喜欢那家公司，所以一直在密切地跟踪公司的动态，关注整个行业的新闻，关注某些部门负责人的社交账号；同时大量阅读，给自己填塞各种可能用到的专业知识……

有次，一个同学告诉他，在另一个城市要举办一个行业大会，网站上标明了这家游戏公司的一位高管会作为主会场的嘉宾。他立刻就报名，果然在会议间隙，和这位高管搭讪成功，并相谈甚欢。

然后，当他拿着自己的作品集和其他精心准备的材料，满怀希望却也有些冒失地问对方：“我可以去你们公司工作吗？”对方很吃惊，回答道：“不好意思，我是来参会的，如果你想申请任何职位，请走正常招聘流程。”

几周后，他突然接到了一个面试通知，是一家无名小公司发来的。他觉得公司名字有些眼熟，迅速查了一下，发现原先那家游戏公司的两位高管同时离职，创办了自己的公司。

他犹豫了一下，毕竟这不是他最想要的机会，但又觉得聊胜于无，于是过去面试。公司虽然小，但面试并不轻松。等他过五关斩六将，与当时有过一面之缘的老板谈过，真正得到岗位的时候，已经爱上了这家公司，并且觉得这可能才是更适合自己的机会。在这家公司里，他遇到了后来的合伙人，并在一个项目上又遇到了未来的投资人。

几年后，他回国创立了自己的公司，这是他在当年想都不曾想过的事情，可命运和机遇却一步一个脚印地把他推上了今天这个位置。回头看，如果不是进了那个小公司，他就会与今天的事业伙伴失之交臂；如果当年没有心心念念地努力争取那些机会，那么就认识不了带他入行的那位老板。

到达目的地的航线，往往不会是我们在地图上凭空画出的那条线路。可在足够渴望和迂回的努力路线中，我们最终会有所斩获。

你都没去做，凭什么说自己不行

人生总在迷惑之中。你越是认真工作，这样的迷惑或许就越深。你有时突然会疑惑："我为什么要这么做？""究竟为什么要干这项差事？"

今天一天努力干吧，以今天一天的勤奋就一定能看清明天。这个月努力干吧，以这一个月的勤奋就一定能看清下个月。今年一年努力干吧，以今年一年的勤奋就一定能看清明年。

就这样，一瞬间、一瞬间都会过得非常充实，就像跨过一座一座小山。小小的成就连绵不断地积累、无限地持续，这样，乍看宏大高远的目标就一定能实现。这个方法就是最确实的取胜之道。

稻盛和夫是世界著名的实业家，他在27岁创办了京都陶瓷株式会社（现名京瓷），52岁时又创办第二电信（目前日本仅次于NTT的第二大通讯公司），这两家公司又都在他的有生之年进入世界500强，且皆以惊人的力道成长。不过稻盛和夫说他也有拼命工作但怀疑工作意义的时刻，看看他如何找到答案——

人生总在迷惑之中。你越是认真工作，这样的迷惑或许就越深。你有时突然会疑惑："我为什么要这么做？""究竟为什么要干这项差事？"

越是认真、拼命工作的人，就越会思索劳动的意义，思考工作的目的。他们为这些人生最根本的问题烦恼，并常常陷入找不到答案的迷途之中。

我过去也曾经是这样。

在我工作的第一家公司，我反复进行着各种实验，有失败也有成功。当时在无机化学的研究者中，同我年龄相仿的，有人拿到了奖学金赴美留学；有人在优秀的大企业里，使用最尖端的设备进行最先进的实验；而我在一个如此破旧、衰败的企业里，连最起码的设备都没有，日复一日地做着混合原料粉末这样简单的工作。

“一直从事如此单调的工作，究竟能搞出什么科研成果来？”我问自己。再进一步地：“自己的人生将会怎样呢？”想到这些，我不禁心灰意冷，一度过得很消极。

1. 每天比昨天进步一点，哪怕只一厘米

解除这样的迷惑，一般人的方法是和自己说：要预见到将来。就是说，不要将目光仅仅放在当下，而要从长远角度规划自己的人生蓝图；要把眼前的工作看作这长期规划中的一段过程。

这也许是合乎逻辑的方法。然而，我采用的方法与此相反——我采用短期的观点来摆正自己对工作的态度。

“将来会搞出什么样的研究成果”“自己的人生将会怎样”，我不再痴迷于这些不着边际的远景，而只是留神眼下的事情。就是说，我发誓，今天的目标今天一定要完成。工作的成绩和进度以今天一天为单位区分，然后切实完成。

在今天这一天中，最低限度是必须向前跨进一步，今天比昨天，哪怕只是一厘米，也要向前推进。我就是这样思考问题的。

同时，不单单是前进一步，而且要反省今天的工作，以便明天“要做一点改良”“要找一点窍门”。在前进一步时，一定同时是在改善、改进。

奔着每一天的目标去，让每一天都有所创新，就会天天前进，天天获得积累。为达到目标，不管外面刮风也好、下雨也好，不管碰到多大的困难，我都全神贯注，全力以赴。先是坚持1个月，再坚持1年，然后是5年、10年，锲而不舍。这样做下去，你就能踏入当初根本无法想象的境地。

将今天一天作为“生活的单位”，天天精神抖擞，日复一日，拼命工作，用这种踏实的步伐，就能走上人生的王道。

2. 取胜之道：全力过好“今天”这一天

每天，持续过好内容充实的“今天”这一天，我在经营公司的时候就一直坚持这一点。

公司创建至今，我们从来不建立长期的经营计划。新闻记者们采访我的时候，经常提出想听一听我们的中长期经营计划。当我回答“我们从不设立长期的经营计划”时，他们总觉得不可思议，露出疑惑的神情。

那么，我们为什么不建立长期计划呢？因为说自己能够预见到久远的将来，这种话基本上都会以“谎言”的结局而告终。

“多少年后销售额要达到多少，人员增加到多少，设备投资如何如何”，这一类蓝图，不管你怎样着力地描绘，但事实上，超出预想的环境变化、意料之外事态的发生都不可避免地会出现。这时就不得不改变计划，或将计划数字向下调整。有时甚至要无奈地放弃整个计划。

这样的计划变更如果频繁发生，不管你建立什么计划，员工们都会认为，“反正计划中途就得变更”，他们就会轻视计划，不把它当回事。结果就会降低员工的士气和工作热情。

同时，目标越是远大，为达此目的，就越需要持续付出不寻常的努力。但是，人们努力，再努力，如果仍然离终点很远很远，他们就难免泄气。“目标虽然没达成，能这样也就可以了，差不多就算了吧！”人们常常在中途泄气了。

从心理学的角度看，如果达到目标的过程太长，也就是说，设置的目标过于远大，往往在中途就会遭遇挫折。

与其中途就要作废，不如一开始就不要建立。这是我的观点。自京瓷创业以来，我只用心于建立一年的年度经营计划。3年、5年之后的事情，谁也无法准确预测，但是这一年的情况，应该大致能看清，不至于太离谱。

做年度计划，就要细化成每个月甚至每一天的具体目标，然后千方百计努力达成。

今天一天努力干吧，以今天一天的勤奋就一定能看清明天。这个月努力干吧，以这一个月的勤奋就一定能看清下个月。今年一年努力干吧，以今年一年的勤奋就一定能看清明年。

就这样，一瞬间、一瞬间都会过得非常充实，就像跨过一座一座小山。小小的成就连绵不断地积累、无限地持续，这样，乍看宏大高远的目标就一定能实现。这个方法就是最确实的取胜之道。

3. 别以现在的能力，限制你对未来的想象

在建立目标时，要设定“超过自己能力之上的指标”。这是我的主张。

要设定现在自己“不能胜任”的有难度的目标，“我要在未来某个时点实现这个目标”，要下这样的决心。然后，想方设法提高自己的能力，以便在“未来这个时点”实现既定的目标。

如果只用自己现有的能力来判断决定“能做”还是“不能做”，那么，就不可能挑战新事业，或者实现更高的目标。“现在做不到的事，今后无论如何也要达成。”如果缺乏这种强烈的愿望，就无法开拓新领域，无法达成高目标。

我用“能力要用将来进行时”这句话来表达这一观点。这句话意味着“人具备无限的可能性”。也就是说：人的能力有无限伸展的可能。坚信这一点，面向未来，描绘自己人生的理想。

这就是我想表达的意思。

但是，很多人在自己的工作和生活中，很轻率地下结论说：“我不行，做不到。”这是因为他们仅以自己现有的能力判断自己“行”还是“不行”。

这就错了。因为人的能力，在未来，一定会提高，一定会进步。

事实上，大家今天在做的工作，几年前来看，你也会想：“我不会做，我做不好，无法胜任。”可是到了今天，你不是也觉得这个工作挺简单的，因为你已经驾轻就熟了。

人这种动物，在各个方面都会进步。“神”就是这么造人的——我们应该这么思考。

“因为我没有学过，没有知识，没有技术，所以我不行。”说这话可不行，应该这样思考：

因为我没有学过，所以我没有知识，没有技术。但是，我有干劲、有信心，所以明年一定能行。而且就从这一瞬间开始，努力学习，获取知识，掌握技术。将来密藏在我身上的能力一定能开花结果。我的能力一定能增长。

对人生抱着消极态度，认为自己的人生将以碌碌无为而告终，这么思考的年轻人并不多。但是，一旦面临困难的问题时，几乎所有的人都会脱口而出说自己“不行”。

绝对不要说“自己不行”这种话。面对难题，首先要做的就是相信自己。

“现在也许不行，但只要努力一定能行。”首先相信自己，然后必须对“自己解决问题的能力怎样才能提高”进行具体深入的思考。只有这样，通向光明未来的大门才会打开。

让你的努力跟上节奏

[1]

我做什么事都跟不上节奏，就连抢红包都会慢上半拍。

读书时，我掰着同学的耳朵说，网购是未来的趋势，你开个网店，将来就不愁了啊。结果毕业后，同学靠网店买车置业，我依旧是个“剁手党”。

大连房价5000多元一平方米的时候，我跟表哥说，贷款买一套吧，将来肯定升值。几年以后，果然翻了一番，而我依然固定每月支付2000元房租。

谈恋爱更是如此，我总是觉得好姑娘很多，不必着急。可真的到了要被家人逼着谈时，才发现身边只剩两种女孩了，要么是你嫌弃的，要么是嫌弃你的。

26岁时，我有了人生第一次恐慌，单身没钱。也就是说，我一直在纸上谈兵。

家母怕我伤心，宽慰我说，大器晚成没什么不好的，男孩子晚熟一点很正常啊，你看你爸几十岁的人了，现在不也还那样……

我无意破坏他们夫妻感情，只好反躬自省。

我兴趣广泛，却杂而不专、什么都想试试，做什么又都是浅尝辄止，一瓶不满半瓶晃荡。

用两句话总结就是：眼高手低，不切实际。

这就是以前的我，时有梦想，总是迷茫。

[2]

张爱玲在《倾城之恋》里说，你年轻吗？不打紧，过两年就老了，这里，青春是不稀罕的。

时间风风火火，一不留神，我就要“奔三”了。没有行动，却总是把希望寄托在明天和未来的人，是没希望的。

说真的，晚年孤独这几个字让我感到恐惧，我害怕独自应对生活中可能遇到的难题。倘若30岁以后我还是单身，我一定会很惊慌，妥协于来自各方的压力，那不是我希望看到的生活。

所以，我要找出症结所在，然后改变自己。

[3]

在很长一段时间里，我一直瞧不上那些生活循规蹈矩，二十几岁就甘于平常的人。

恰如我的朋友吴为，读书时不争最先，不恐最后，毕业了接受父母安排，回到三线城市打拼，23岁恋爱，25岁结婚，人生似乎一眼就能看到底。

他说“家业、家业，先成家再立业”时，我嗤之以鼻，以为年轻是仅有的资本，势必要闯荡一番才够爽快。

可是后来他开连锁超市，投资两百万元，眼睛都没眨时，我才知道，务实比什么都重要。

古人说，一屋不扫何以扫天下。很多人都有纸上谈兵的病，常立志，无长志，而心比天高，命比纸薄。

吴为不聪明，他上技校都是勉强毕业的，英语不好，计算机不通，可是他对电子商务很在行。因为，他想要在这方面有所成就，所以便专注于这方面的知识学习。换句话说，他更知道自己想要什么。

我也知道自己想要什么，但理想过于空泛，不够脚踏实地。就像我见过的许多人一样，连温饱问题都没解决，就计划开自己的工作室；连几十块钱一杯的咖啡都喝不起，却仅凭一点情怀就想拥有一家咖啡厅。这不是梦想，这是做梦。

我还有个朋友叫大成，特别会算计。他最大的能力不是赚钱，而是计划着攒钱。

比如说，他会严格要求自己每天、每月存多少钱进账户，无论遇到什么事，都绝对不动。这样几年以后，他居然攒够了买婚房的钱。

我们这些曾经揶揄过他的人，那一刻也都明白了，他不是抠，他只是善于规划，有很强的执行力。

有时候我会想，怎么样的人才算聪明呢?

像吴为、大成那样的人，务实、稳妥，不空谈，每走一步都掷地有声，有一些长远计划，并且能够为之坚持和努力。他们所取得的任何成绩，靠的都不是运气。

当年龄一点一点赶上来时，我才真正明白，不怕岁月匆匆，最怕你不够聪明，却还在纸上谈兵。

这个世界不欠你的，也不欠任何人

[1]

我的朋友李良成，肯吃苦，心善，性格和谐，经常帮助人。

良成在乡下有个远亲，家境不是太好，良成把亲戚刚上小学的孩子接过来，资助孩子上学。孩子也很努力，每天学习到很晚。担心孩子太累，良成还经常劝孩子早点休息。

前些日子，老师打电话让良成过去，问了些很奇怪的问题，眼神很怪异，有点吞吞吐吐欲言又止的意思。

良成心粗，没有多想。

过两天良成替孩子检查作业，无意中看到孩子的一篇作文，顿时呆住了。

作文中有几句话，大概意思是：……这个社会，为什么如此不公？为什么有些人一天到晚什么也不干，却吃香的喝辣的？比如我大舅李良成，他一家人每天除了看电视，就是逛街购物，却总有花不完的钱？有钱人就是好，想买什么就买什么……

良成当时心情激动，他很想把孩子揪过来，对着孩子的耳朵大吼一句：死孩子，什么叫你大舅一家一天到晚什么也不干？一天到晚什么也不干的是你爹妈！正因为你爹妈一天到晚什么也不干，才把日子混成这样！你大舅怕耽误了你都快累成狗，你居然看不到……

终于明白了老师的眼神为什么那么奇怪。

良成终不可能对孩子说句什么，怕伤到孩子，他跟我聊起这事，我也呆住了。

我想不到的是，这种畸形的心态，不知何以悄然侵袭了孩子的心灵。

[2]

在深圳时，我就深切体验到人心的偏激。有次出门，见两个保安聊天，就听一个保安说：看咱们小区，开什么好车的都有，都为富不仁！

开好车跟为富不仁，这之间一点逻辑关系也没有，不知道这个保安怎么把二者挂联起来的。还没等我理清他的逻辑沿递，就听另一个保安说：就是，穷的穷死，富的富死，太不公道了。我现在就盼来一场运动，到时候我第一个报名，不打死这些为富不仁的有钱人，我管他们叫爹！

后面说话的保安，脸上的肌肉扭曲着，年轻的眼睛透射着我无法理解的仇恨。而这种仇恨，完全是非逻辑的，虚构在扭曲与臆想的基础之上。

[3]

另一件事是，我有个朋友，他儿子很有出息，爹妈没怎么管，孩子自己报考海外名校并录取。朋友激动的得红光满面，把熟人全都叫来，大吃庆祝。正在亢奋之余，席间有个多年老友，突然冷冰冰扔出一句：国外的学校，根本不看考分，给钱就让上，有钱人就是好！想去哪上学就去哪儿上学。

朋友被堵得慌，气恼地辩解说：你说的那是野鸡大学，我儿子这可是名校，名校招录更严……我儿子可是全额奖学金啊！

对方扔回来一句：都一样，给钱就让上。

……朋友气得想要打人。但知道自己儿子表现太好，已经引起公愤，能做的就是立即起身买单走人，多年的老交情，到此为止了。

[4]

上面说的这几件事，有个共同特点，都是臆造仇恨，甚至不惜修改事实。

李良成并非土豪，真的是每天累成狗。自打他把亲戚的孩子接来，等于多判了自己几年的苦役。万万没想到孩子根本不领情，之所以硬说他“一天到晚什么也不干”，只是为了人为制造不公的借口，为自己心里的愤怒建立依据。现在李良成拿这孩子的教育，束手无策，已经接来了不能再送回去，可如何告诉孩子这种观念是扭曲的，恐怕不是件容易的事儿，弄不好倒起反效果。

深圳那家小区，有多少挥金如土为富不仁的坏土豪我不清楚，但我认识的几个，都是睡得比狗都晚，累得跟驴一样。其中有个老板为了接单，被客户灌到胃吐血。还有个胖土豪在最低谷的时候，被债主追杀，慌不择路，两米多高的围墙，他竟然“嗖”的一下就跳过去了……

如果他们知道有人如此痛恨他们，他们一定会大哭起来。

最后那个儿子上海外名校的朋友，这事儿还真是错在他，你儿子太有出息，就意味着对别人家孩子的无端羞辱。自己关起门，和几个亲密的朋友庆祝一下就是了，非要昭告天下，别人心里抑郁悲愤，当然要修理你。

只是这个修理的理由，无视事实，太过于扭曲。

[5]

去年回深圳时，看望几个当年的朋友。其中有一个，是当年照顾过我的姐姐。当年她研究生毕业，直接进了省级政府机关，但男友去深圳打拼，引发她热血沸腾，就毅然辞职而去，想上演一幕深圳爱情故事。

万万没想到，她去了深圳，男友却因为一连串失意，最终无法立足，回到三线小城市，让家人走关系弄了个事业编。而她却留在深圳，于谷底起步最终风生水起，成为有名的女企业家。

上次见面，她跟我说起个北方煤老板的事情。

她说，媒体总是称煤老板煤老板，这个贬义的称呼，带给人一种强烈的感觉，这些煤老板就是些没有底蕴的暴发户，除了用钱砸人，欺良霸善，良知良心一概没有。她当时也是这样认为，见到那位煤老板时，也是这种感觉。

但是感觉根本靠不住，聊过几次她就发现，在那位煤老板粗鄙的伪饰下，藏着一个洞知世象人心的心理学大师。煤老板的包里，上面是几本三点式女人的低俗杂志，下面藏着英文原版的心理学专著，看到这些书她才恍然大悟：是了，这位满口粗话的煤老板，管着几万号人，没点内功底子怎么可能？他之所以表现粗鄙，一来是他的环境中有些人只吃这套，二来是社会公认他们没文化，他为什么非要跟所有人抬杠？

这位姐姐当时深有感触地说：人呐，不怕不努力，不努力也是人生的权利，凭什么非要努力？做个平庸之辈又招谁惹谁了？怕就怕自己不努力，还扭曲臆造，无端贬低别人的付出。

这个世界不欠你的，也不欠任何人！

你只看到了煤老板一掷千金，认为他们钻了政策的空子，却没看到他们为完成一个挖煤的系统工程，必须要上得讲堂下得井矿，指挥得了千军万马做得了地痞流氓。你只看到了别人的小蛮腰，没看到美女日夜挥汗在健身房。你只看到了别人逛街购物心神气爽，没看到人家辛苦劳累打拼奔忙。

不努力不是错，不努力偏又愤世嫉俗，于是脑子就日渐扭曲。有成就的人，或是运气好，或是人品劣，不是阿谀奉承，就是为富不仁，天底下只有你最善良。所有人全都欠你的，所有人都不该享受他们的生活，必须要接受你的正义审判。

嫉恨别人的努力所获，就刻意地无视别人的付出，给自己的不努力找借口，多少也算人之常情——但刻意欺骗自己，把自己臆想成不公正的牺牲品，从此让自己生活在悲愤的心态中，这就是折磨自己了。

别那么悲愤，这个世界真的不欠任何人。每个经济地位居于你之上的人，都有比你更多的付出。他们没抢走你任何东西，你的所获，只与你的智慧付出成正比，真的不是别人的错。

别一步一步走向平庸

我们常常被奋斗过程的那些理由，

一点一点地消磨我们的拼劲，

让我们甘于平庸。

想清楚，你的努力是为了谁

[1]

过年放假在家，我姨跟我说了件事儿。

有一天她跟我妈聊天时说："别那么拼命挣钱了，这么大年纪了，差不多行了呗。"

没想到我妈回答："不行啊，还是要挣钱，要给女儿攒嫁妆。"

如果你们看过我以前的文章，一定知道我是个极力追求男女平等的人。但同时，我又坚信，要追求平等的权利就要做出相同的付出。所以你们差不多会猜到，我父母也是这样的人。因为这就是他们给我的教育。

我妈说的"攒嫁妆"八成是为了哪天我出嫁的时候，在婚姻里能获得比较对等的地位。如果我嫁了有钱人，他们怕我因为没钱被婆家人轻视。如果我嫁了没钱人，他们更怕我俩因为都没钱而生活落魄。他们希望的，是尽自己最大的可能，让女儿以后过得好一点。

恰好也是那天在微博上看到一句话："生活从来都不容易啊，当你觉得挺容易的时候，一定是有人在替你承担属于你的那份不容易。——致父母。"

我差点泪奔。

想想这几年，当我觉得钱赚多赚少都没关系的时候，我年迈的父母供养我长大成人、读书毕业之后，还要精打细算着供养我以后的生活。

当我被毕业之后的安逸所打败，觉得工作努力一点还是不努力一点都无所谓的时候，我年迈的父母还在想着竭尽全力地赚钱攒钱，为了我以后不吃亏不吃苦。

这社会上有多少大学生，在父母起早贪黑工作的时候，每天睡到日上三竿才起床。又有多少年轻人，因为找不到工作或找到的工作太辛苦，就安心地躲在家里当啃老族。

可是即便这样，父母也从没指责过我们一句话。

父母最爱说的，不是“拼命学习拼命工作拼命赚钱吧孩子”，而是“在外面照顾好自己，吃好喝好啊孩子。”

就像我们办公室的大姐，舍得给儿子买最贵的衣服，却舍不得给自己买最便宜的衣服。

就像我们多少人的爸妈，孩子在家时数菜一汤满汉全席，孩子不在家时清粥淡饭草草了事。

想到这些，我真的羞愧得抬不起头。

所以你们知道我为什么过年期间克服了以前的懒惰，坚持写写写，每天发文了吧。

以前我觉得写字只是一个爱好，有灵感的时候写写，没灵感的时候歇歇就行了。就算以前我的编辑多少次苦口婆心地劝导我，要把写作当成一份正式的职业来经营才可能走得更远，我都没听进去。

可是听了我姨和我妈的那段对话之后，我第一次实现了前所未有的勤奋。

假期结束重新开始上班之后，为了在一份全职的工作之外写文章，我有时熬夜特别晚，有时起床特别早。

而且大部分时间，我的脑神经处于极度分裂的状态。工作的时候我是做财务的，需要极度理性，确保每一个数字正确，但凡有一点失误付出的就是真金白银。写作的时候我又需要极度感性，拼命地调动所有风花雪月的细胞。更别提，为了保持语感和对文字的敏锐度，我几乎每天都要逼迫自己看一本书。

我妈跟我说："你别那么费劲地写文章了，做好自己本职工作就可以了啊。"

我根本不会听，就像他们不会听我的一样。

我们互相劝说，却从不妥协。

是因为我们都觉得，自己再努力一点，家人就可以活得稍微轻松一些。自己再多吃一点苦，就能把那份"不容易"从家人的身上转移到自己身上吧。

[2]

前几天，我发了一篇文章之后，看到一个男生在后台的回复，说："你们女生还要掌握自己的命运，那买房买车的时候你们不是还要靠男人靠老公啊，你们怎么不自己买。"

我看了这句话，当时就火了。

我只想说，你见过的女生是不是太少了。

别提前不久杨幂在金星秀上被问及给自己父母买房需要跟刘恺威商量吗，杨幂说不需要啊，因为我买得起。

我身边有多少个不是明星不是名媛的普通女孩子，不仅给自己买房子，还努力在自己工作的地方给父母买房子，为了让父母享受儿孙绕膝的天伦之乐。

我的高中同学，拼尽全力地工作，经常在办公室加班到半夜。大家都劝她，你何必那么拼呢，毕竟生活已经没什么负担了。

她说，我想赚钱在我家附近也给爸妈买套房子。为了让他们住的舒心，我不想用老公的钱，也怕婆婆家有意见，还是想用自己赚的钱给他们买。

她说，自己最难过的时候，就是看到爸妈来看外孙时依依不舍的样子。

因为爸妈离自己太远，偶尔来看外孙，也不便久住。儿子年龄还小，不能长时间离开家，所以每次妈妈来看孩子，走的时候都眼圈泛红。

现在她终于给他们买上房子了，爸妈想看外孙就看外孙，想回家逛逛就回家逛逛，她觉得自己的幸福感提高了一大截。

所以我们那么努力地工作，不就是为了让他们不必那么辛苦吗。我们那么努力地生活，不就是为了让他们可以尽情地享受生活吗。

我欣赏这样的女孩，欣赏她们对家人的付出、回报和担当。就像那句话说的，为了你，万箭穿心我都可以忍耐，更别提九鼎压身。

为什么我们一定一定要努力，就是因为父母对我们的爱，我们其实连万分之一都偿还不了。但是，不能因为偿还不了就放弃吧。

我们总能找到最好的方式，去爱他们。

我们总能找到一种方法，去将那万分之一的偿还提高到千分之一、百分之一。

[3]

看《奇葩说》海选辩手，有一期我印象特别深刻。

去的人叫师洋，是2006年一个选秀节目的人气冠军，但最近几年他淡出娱乐圈，去开了一家淘宝店，经营得很好。

节目里他谈到自己为什么做出这样的选择，是因为10年他去参加湖南卫视的另一个选秀节目，期间妈妈一直没联系他。比赛结束之后，他发现妈妈瘦了三圈，才知道她在他比赛期间去做了一个肿瘤手术。是这时候，妈妈才告诉他，做完手术后家里其实非常窘迫。

他说："当我去追求我的梦想的时候，却发现妈妈手里剩下的钱只有几千了。这个时候我就决定，将自己的演艺事业放到一边，先面对现实。金钱虽然不是万能的，金钱虽然不能买来梦想，但金钱至少能给家人带来安全感。"

现场很多人眼圈都红了，那种动容一定是因为感同身受。

所以每当有小朋友给我发私信问，自己也想休学辞职去环游世界、实现梦想该怎么办的时候，我的回复里，第一句话就是：你花谁的钱。

我不是不赞成我们的梦想，我只是希望我们不要再用父母的血汗钱来浇灌所谓的梦想了。

当我们满世界咋呼着要实现梦想的时候，有谁问过父母的梦想。

因为他们的梦想太简单了——就是看着我们过得好。即便有时候我们的选择太任性和离谱，他们也愿意倾尽全力去支持，不是因为别的，就是因为爱。

看了那期《奇葩说》，相比于以前的师洋，我更喜欢现在的他。因为当主持人问他，万一你这次失败了，没有入选怎么办。

他很淡然地说，没有关系啊。我有自己的收入，回去继续开淘宝店就好了。

所以我们为什么一定一定要努力，就是为了在梦想和现实之间能够做到两全，就算暂时做不到，也不需要牺牲父母来成全我们的梦想。

努力之后，也许只是晚一点实现梦想，但至少我们不会让父母深夜忧心、焦虑不安了。

努力，不仅是为了我们能好好生活，更是为了父母也能好好生活。

我另一个朋友，高考之前千方百计想学哲学。成绩出来报志愿的时候，他填志愿全填的哲学系，他的梦想就是当个哲学家。

他爸不同意，理由跟当年我爸不同意我报中文系一样，觉得不如金融什么的专业好找工作，但他宁死不从。

最后他爸不得不偷偷去了学校，找到老师，把他填好的高考志愿卡（当时我们还是涂卡报志愿的，像涂答题卡一样）改了，全改成了金融。

收到高考录取书的时候，他大吃一惊，当场就跟他爸翻脸了。

没想到一贯强硬的他爸说：“对不起儿子，爸爸没用，不能给你自由自在选择专业的生活，这是爸爸的错。如果爸爸有本事，能让你不管学什么专业不管有没有工作都衣食无忧就好了。”

他听了特别难受。

所以上大学，我们都睡觉的时候，他早早起床考CFA。我们都逃课的时候，他天天正襟危坐，每门课成绩都是最高。寒暑假我们都疯玩的时候，他在家附近找个地方上自习，刷托福成绩。

他现在在投行工作，年薪三十多万，但每每想起爸爸当年的那段话还是觉得心酸。

我听他讲这一段故事，也特别难过，因为可怜天下父母之心，我爸一定和他爸怀着同样的想法，才为我做出了同样的专业选择。现在的我们，虽然没学自己最想学的那个专业，却仍然在生活中坚持了那一年的初衷，这不能不说是父母的苦心。

他说：“我这么努力，就是不想让爸爸再对我说对不起，也不想以后对自己的孩子说对不起。我希望自己成功的速度能再快一些，一定要快过我爸老去的速度。”

[4]

以前别人问我为什么要努力的时候，我曾经写过一段话：“是因为人生有那么多就算你努力了也无法掌控的东西。比如你寤寐思服的那个人的心，比如父母渐渐老去的容颜，比如时间如流沙一般无可挽回的逝去。所以，对于那些努力了便能扎扎实实握在掌心的东西，为什么不珍惜为什么不争取呢？”

可现在从文艺落到生活里，如果你再问我，为什么我们一定一定要努力？

我想着遥远的辛苦的爸妈，只想说：

“没有那么多理由，就是为了让他们可以不必那么努力。”

请收起你的娇弱

我有一个同事，让人看了会觉得她工作很累，身体虚弱，心情不好，压力很大。抱怨着北京的交通、房价、空气，最后还是待在这个城市挤地铁，吸雾霾。刚认识的时候觉得没什么，可时间久了，会发现吃饭的时候闲聊的时候，巨大的负能量笼罩着她。

其实工作时间，工作量大家都一样，可她就能过出一种累到死的感觉。工作做与不做都在那，活儿多你就抓紧做，少刷微博微信，少聊QQ，合理安排时间，正常时间完成应该没啥问题。遇到麻烦的客户，有那抱怨的时间问题早解决了。我一直认为正是有麻烦客户的存在，才让我意识到自己的不足，从细节方面提升自己。

她总是在说自己身体不好，从小就这样，一年感冒好多次，不是这难受就是那难受，身体不好真是好麻烦。然后叫她打球，不去，练瑜伽，不去，周末假期出去玩，懒得动。这样怎么会有好的身体？我们的工作基本是对着电脑坐一天，时间久了，腰疼背疼眼睛疼，大家都会有。可问题是工作必须得做，但不能让身体垮了，你得锻炼啊。你只看到了别人穿衣显瘦，脱衣有肉，难道就只能是羡慕，看着自己病病怏怏，就只能是抱怨？行动啊！

我一般下班回家看纸质书，地铁上看kindle。该姑娘说我好羡慕你的生活方式啊，可我不行。我想说看书这件事，你不看就永远也看不进去。还有姑娘会说我不会打扮，不懂怎么捯饬自己。我承认有人对时尚有天生的敏感性，但不会差太多。你不会，你可以看看时尚杂志，杂志贵，你就订阅个微信公众号，每天熏陶一下自己。不知道自己适合什么，去逛街，试着试着不就知道什么适合了吗？

也许有这样的人，他们总是在抱怨，在黑脸。羡慕别人，哀叹自己。一点点改变，可以不要求一下子推翻全盘生活习惯，但可以从一个点开始，尝到改变带来的甜头，鼓励自己继续下去，然后到线，最后到面，改变整个生活。抱怨少了，整个人就好起来了。

曾经看到一句话，高兴你就笑，不高兴你就等会儿再笑。看完我就笑了。生活就是这样，每天挤公交挤地铁，工作琐碎繁重，但这只是它的一部分。既然选择面对，那就尽量乐在其中。下班之后，周末之时，你就是另一个自己，看想看的书、电影，见想见的人，早睡早起，锻炼身体。

八小时之内决定现在，八小时之外决定未来。

旅行总有终点，人生还要继续

听说有人在单曲循环许巍和矮大紧合作的新歌；

听说有人把“生活不止眼前的苟且，还有诗和远方的田野”改成个人签名；

听说你准备辞去碌碌无为的工作准备去远行。

那我们不妨一起来聊一聊远方和眼前，诗和苟且。

你初及弱冠，你尚未而立，那么多道理，你都熟稔于心。

[1]

你相信“人生需要一次说走就走的旅行”。

所以，当你工作屡屡不顺时，第一反应就是去旅行。

你到大理洱海边喂过海鸥，你在西藏日喀则朝拜，你游荡在丽江。你见过阿拉斯加正跃出水面的鳕鱼，你看过梅里雪山刚好爬上树尖的金丝猴，你拍过苍南盘旋在云端的山鹰。你走过一些高跟鞋走不到的路，闻过一些香水喷不到空气，遇到过在写字楼永远遇不见的人。

你以为你净化了内心，你以为你感应了天地，你以为你参透了人生。

但是事实是，除了浮光掠影的记忆和集满32个赞的朋友圈，你什么都没有改变。

[2]

你相信“再不疯狂就老了”。

所以，你常常以为一次放纵就能收拾好心情。

你在酒吧买醉彻夜狂欢，你在KTV通宵夜半歌声，你在交友软件上左右逢源，你在温柔之乡里面醉生梦死。你以为放纵之后可以清醒，你以为释放之后可以解脱，你以为宣泄之后可以更加从容和笃定。

但是事实是，什么都没有改变，只是该做的事情被拖延了更久，需要收拾的残局还是要去面对。

[3]

当去旅行的时候，你要知道，这只是一场散心和短时间的逃避。旅行总有终点，人生还要继续。

当你去祈祷的时候，神会告诉你，God help those who help themselves。

当你追求诗和远方的时候，海子说，远方除了遥远一无所有。眺望完田野之后，赶紧好好过完眼前的苟且。

有人说，眼泪教你做人，后悔帮你成长，疼痛才是最好的老师。

眺望过诗和远方，请继续过好眼前的苟且。临渊羡鱼不如退而结网，与其在远方的幻想中浅吟低唱，不如在眼前的苟且中寻找光亮。

你需要将鸡毛都捋顺做成鸡毛掸子

总有人问我，家长总是逼着我结婚，我还想要好好工作呢，怎么能谈恋爱？怎么能结婚呢？

每次听到这个问题我就很奇怪，结婚和好好工作根本不冲突啊，也没有人让你结婚之后就不许工作了。至于说恋爱会分散工作的精力，这是肯定的，二三十岁的人了，生活不可能等你准备好了一切才开启下一幕。

我们经常会看到一些讲家庭关系的文章，常有作者会用简单的逻辑告诉你，应该如何制服婆婆，管理好老公，做自己永不妥协，千万不能成为全家的保姆黄脸婆。我也经常收到同学来信，讲述自己家庭或者恋情中的困难和问题，但我基本上没有回复过，因为我觉得自己没能力指导别人的家庭生活。实际生活远远比书本复杂，家庭里的人际关系并非那么简单，可能牵扯到两家人的人际关系、沟通方式以及生活习惯等。当所有的一切交织在一起的时候，可能根本无法那么简单地解决问题。女人和男人，都可能在混乱的婚姻家庭生活中受伤，很多事并不是“女人当自强”这么一句口号能解决的。

职场有一种多任务处理能力，其实这个能力更需要用在生活里。当我们在生活里遭遇接二连三的事情，可能是困难，可能是任务，可能是必须处理的事情，深吸一口气，像个大人一样去处理每件事情。当然，我也会面对很多突如其来的事情，也会有很多措手不及，也会有很多家庭矛盾，我的方法是：

1. 多读一些名人传记，看看他们的一生是如何克服困难与处理事情的。

2. 多读家庭心理类的书籍。

3. 多看经典电视剧和电影。

别动不动就焦躁，动不动就哭，动不动就吵着想自杀，别老觉得自己还是个孩子，都二三十岁的人了。看看那些优秀的人是怎样面对生活的，咱有人家一半勇气和能力，就能过得挺好了。

25岁之后，你要像一个成年人一样去面对生活。人生不是做菜，把所有材料准备好了才下锅。要学着接受一地鸡毛，然后把鸡毛捋顺做成鸡毛掸子，把自己的生活越掸越敞亮。

成功不属于那种连想都害怕想的人

[1]

我家院子里有个大哥，30岁出头，可已经是严重超标的身材。圆鼓鼓的大肚腩已经把衣服都撑得有些变形，而且在他身上，你几乎分不出大小腿，横竖都一样粗。

每次别人让他减肥，他都说不可能。原因有很多，比如他们整个家族的人都长成这样的肥头大耳，有基因遗传。比如，他是那种喝水都要长肉的那种人，属于易胖体质。比如，他若一减肥身体的免疫力就会下降。

前几个月，他无故晕倒了，到了医院检查才发现，他有严重的高血压。医生嘱咐他，一定要减肥，不能再这样胡吃海喝了，必须控制体重，否则，后果不堪设想。

这下可把这位大哥吓住了，从出院那天起，他就决心要减肥，然后制订了减肥计划，每天控制饮食，然后强制自己早晚跑步，每天走路步数在1万步以上。刚开始的时候，确实是艰难的，看到大块大块的肥肉，眼珠都变绿了，可是一想到再多吃一口都有可能要了他的小命，于是在各种纠结和无奈中，强行压制住自己。

可后来，他坚持了5个月，发现自己的肥胖跟基因没多大的关系，也不属于易胖体质，而且瘦下来身体更健康了。虽然此次瘦了下来，效果不是特别的明显，但至少衣服已经从“专业定制尺码”到可以穿商场里卖的“加大号了”。

再来看看他当初斩钉截铁的“不可能”怎么就变成了可能？无论做任何事情，你连想都不敢想，又怎么肯下定决心做呢，既不敢想也不敢做，又怎么可能有机会实现呢？

[2]

我身边有两位朋友都自称是摄影爱好者，但两者对待摄影的态度却是截然相反的。其中一位我却从来没有看到她为了这个爱好做过任何努力。

她的理由就是，没专业摄影设备啊。可我明明记得她有台相机啊。她说，一个专业的摄影师，光是摄影的镜头和器材便宜点都要好几万，这些东西不配齐，是不可能照出好的照片。于是她的爱好就这样一直被扼杀在了这个“不可能”的想法里。

可另外一个朋友，她连一台相机都没有，就靠手机，每天大量地的照相，捕捉灵感，跟第一个朋友比起来条件真是差远了。可她总是相信即便这样，她也有可能成功。

因为成为一个好的摄影师，除了硬性设备还需要自身的软能力。比如，具备相当的摄影知识，具有敏锐的观察力；要有一定的美术功底，对一切美好事物的向往，等等。

空闲时候，他总是随手翻翻买来的摄影书，也总是在不断研究，每天用手机拍超过500张的照片，她力求做到在没有专业相机的前提下，拍出最好的照片。

今年年初，第二个朋友在一次摄影比赛中，意外地被伯乐发现，伯乐说，你跟专业人才就只是差一台专业的相机而已，于是准备无偿提供给她设备，然后成为这个摄影工作室的实习摄影师。

这个世界其实是没有什么不可能的，不可能只是在你的心中。如果你一直不敢去想，你真正想要的东西怎么可能不请自来呢。

很多人总是说要做成某件事，需要什么条件，缺乏什么条件，可是没有这些条件，你可以去创造条件啊，甚至可以直线走不通的路，你可以绕着弯走啊，条条大路通罗马。可你连想都不敢想罗马在哪里，那你一辈子也去不了罗马。

[3]

我有一个朋友，很喜欢他们隔壁办公室的女生。在他还没引起这个女孩的注意时，他就想着要跟她怎么谈恋爱，然后多久结婚，多久生小孩，甚至多久生二孩。

当时我们还在嘲笑他，异想天开，而且有些癞蛤蟆想吃天鹅肉了。那个女孩据说人长得漂亮，家庭条件也很不错，人家肯定是要找一个白马王子，怎么可能跟朋友这样的既没背景只有背影的普通男孩子恋爱呢。

可朋友让我们等着瞧，他一定可以做到，说这话时颇有些阿Q精神。自从有了这样的想法和信念，他开始设定目标如何俘获这个女孩子的芳心，从刚开始的无微不至的关心，雨天送伞，阴天送暖，再到每天给女孩子打电话嘘寒问暖，陪她在深夜聊天，陪她在图书馆看书。最后他知道她特别喜欢画画，于是经常约她周末到郊外写生。刚开始的时候，那个女孩是拒绝的，毕竟天生的优越性在那里。可朋友不放弃，一直坚持，终于软磨硬泡了两年，彻底收获了姑娘的芳心。

那女孩属于那种，面包我有，只想要爱情的女子。很多人当初以为她一定要找个高富帅，谁知她就中意一个能时常陪着她，宠爱她的贴心暖男呢。

当得知了这个好消息，我笑称，朋友是踩了狗屎运。刚好遇到一个就吃他这套的姑娘。可朋友说，不是谁都有这个运气踩狗屎运，你都不敢想，不敢去踩，当然这样的机会你也一辈子得不到。

这句话瞬间让我豁然开朗。是啊，生活里很多事情，我们总想着不可能，当看着别人实现时，总是一副满不服气的样子，以为别人只是碰巧有了好运气。但你都不敢想，好运气怎么来碰你呢，你都不敢去想，你的女神怎么知道你喜欢她呢，你都不敢去想，你的梦想又怎么会不请自来呢。

有人说，成功的第一步就是马上行动。可是行动的第一步应该是敢想，只有敢想，你才有勇气，有信心去跨出这一步啊。

[4]

叶莺曾说，我从来都不是一无所有，我还有我人生最大的财富，那就是一颗不死的心，永远都不死的心。永远去想象可能的事情，永远去相信自己能有实现“可能”的能力。

我们为什么总是想着：不可能！

其中很大的原因，第一是不相信自己能够做到，缺乏自信。再者不愿意面对失败的结果。第三，害怕别人不认同。

特蕾莎修女说：上帝不是要你成功，他只是要你尝试。

很多人认定的不可能的事，其实都不是胡编乱造，绝无可能的，因为大多数认定的“不可能的事”根本就没达到“异想天开”的水平，他们甚至对于自己能做到的事，也不敢想象。

想法是行动的最佳驱动力。它能给你的目标提供有力的思维支撑点。

你大概不会听说一个不想减肥的人，在没生大病受打击的情况下，自然而然地瘦了下来。

你大概也不会听过一个只想做士兵的普通士兵，在没有背景没有伯乐的情况下，自然而然就成了将军。

你大概更不会听说，一个从来就不想功成名就的人，在没有任何机遇没有任何努力的情况下，自然而然地成了一个赫赫有名的人物。

你只有敢想，才会竭尽全力为此而努力，想法是一个人能否成功的关键因素。当然你敢做，成功不一定会来但一定是敢来，而不是不请自来。也许你会失败，但成功绝不会属于那种连想都害怕想，不敢想的人。

试都没试，就选择了放弃

我在华盛顿大学里学习韩语快半年了。前些天从韩语老师那里收到一封邮件，大意是韩国领事馆举办一年一度的韩语演讲大赛，鼓励我们全体同学报名参加。

耳边一时想起了两种不同的声音：一个快乐的声音说，可以啊，参加了玩一玩呗，反正又没有什么损失！说不定还有不小的收获呢！另一个犹豫的声音说，算了吧！才学了不到半年的韩语，单词没学什么，句式也就那么几样，别去丢人现眼了吧！这两个声音就像钻进我脑袋里的小人，你一言我一语，来来回回。

等等，这种场景似曾相识，好像以前我就有过纠结，错过了机会……

[我那错失的机会]

我的个子很高，皮肤是健康的小麦色，看起来有些运动员的样子——不少朋友会半开玩笑半认真地问，你是不是小时候经常打篮球，所以长这么高？而说起篮球，我不由得想起曾经错失的一次机会，直到现在过去那么多年了，心里想起还是心疼。

那是在高中的时候，有一次课间广播响起："学校女子篮球队最近招募新队员，请所有感兴趣的同学今天中午十二点到操场集合参加投篮测试。"广播一连播了三次，我的心情也开始激动起来！我会和班上女生一起看男生们打球，我特别喜欢那时候流行的动画片《灌篮高手》，我还和家人一起看电视里转播的篮球比赛……真心想试试！可是我从来没有正儿八经地学过篮球，仅有的接触也就是体育课上拍两下球、投几个篮，可能太烂了吧？

我纠结着，下不了决定，最后决定找我最好的朋友商量。我扭扭捏捏走到她的身边，装作不在意地说："你有没有听到刚刚学校的广播啊？要是你很感兴趣的话，我今天中午可以陪你一起去操场。""哦，没兴趣，不去了，谢谢你！"她头也不曾从书本堆里抬起来，就拒绝了这个提议。我于是在心里和自己说，"好吧！她不去，那我也不去了，反正一个人去也没有意思，反正去了也不一定选上，反正……"

最后真的没有去，最后真的没有再碰过篮球，最后仍然只是在篮球场旁羡慕地观看、认真地加油，最后没有什么最后。

可是有时候忍不住在想：如果当时，我询问的不是我的好朋友——我们班身高最矮、学习最好的学霸姑娘，而是另外一个爱好体育的女同学，是不是她就陪我去了呢？如果当时，我不找人陪，不因为别人的去否影响自己，自己会不会就一个人去投篮了呢？要是真的去了操场，他们要我投十个球，一走运我是不是被选上了呢？要是被选上了经常练球，我是不是会更高、更健康、性格更坚毅了呢？经常在女队练球，是不是就会有机会和男队的帅同学们一起练习，或者吃饭聊天了呢？

一切都只是设想，是没有结果的自问自答。也许那天真去操场投篮测试了，也会被毫不留情地刷下来，可是当看到篮球队的姑娘们时，我总是忍不住羡慕，总是漫无边际地想着以上那些没有答案的、"如果"的问题。

想起我那错失的机会还有自己的优柔寡断，内心突然涌起一股力量，"好了，我要报名参加韩语比赛！只要完成就好，最后一名也没有关系！"怕自己反悔，我赶紧下载报名表、填写、邮寄，十五分钟搞定！

[韩语演讲比赛]

我告诉韩语老师我决定参加比赛的消息，她开心得竖起了大拇指连连称赞，而且承诺如果我有需要，随时可以找她准备比赛。

我忍不住问："我们学校还有别的同学参加这个比赛吗？"沉默几秒，老师说："据我所知，没有了！也许二三年级的同学太忙，一年级的同学有些害怕吧！不过你不要担心，尽力就好！"

嗯，老师说得对，尽力就好！虽然这一次我没有同伴可以一起参加比赛，可是我一个人也要加油！

下定决心之后我开始一步一步努力：

首先用中文写了一篇演讲稿，题目是：我为什么要学习韩语。这个中文初稿简单清晰，而且有情感有事例，很符合我的个人情况，也方便以后的背诵。

然后我翻着教科书、借着谷歌翻译，绞尽脑汁地使用不同的句式结构和同义词，尽自己最大的可能把文章翻译成了韩语。

下一步我请韩语语言搭档帮我修改初稿、提建议，分别问两位韩国语言搭档为什么他们要做这样的修改，听起来会不会更加地道；在此基础上我修改了韩语初稿，然后请韩语老师继续指正，使它听起来自然地道、严谨，但是不无聊。

稿子修改定型之后我请韩语搭档用最清晰自然的语气朗诵，我用手机记录之后反复聆听他们的发音和语气，跑步的时候、坐公交车的时候、晚上睡觉前、白天没事的时候……都听，边听边跟读，边听边记忆和背诵。六分钟的演讲听了几百次，自己大声背诵了不下五十次……

经过了一个多月的认真准备，韩语演讲的那一天终于到了！我给自己设定的目标就是不看稿件，顺利把六分钟的演讲完成，名次什么的都不重要。当看到其他参赛选手拿着精心准备的稿件上台诵读时，当看到有些选手拿纸的手微微颤抖时，我告诉自己：已经背过了几十次，不要害怕，请充满信心，哪怕不拿演讲稿，也可以完成！

我是倒数第二个上台的选手。深呼吸，带着微笑缓缓走上演讲台，从固定的卡座上取下麦克风，从高高的演讲台后走出来站到旁边，这样人们可以更好地看到我的表情和肢体动作，开始慢慢用韩语叙述我为什么要学习韩语。在这六分多钟里，场上的观众仿佛格外认真，他们有时在点头，有时发出善意的笑声，脸上的表情有不同的变化和反应；评委也好几次抬起头来看我，眼神里似乎带着认可和鼓励。时间慢慢地流逝，我慢慢地演讲，一直说到了文章的最后“谢谢大家的聆听”，我没有忘词。认真地鞠躬，真诚地微笑，然后我回到了自己的座位，告诉自己“目标达到了！”

结果，我是全部选手中唯一一个没有带稿子上台的；结果，评委老师点评时说，他听懂了我演讲里95%的内容，他感受到了一种双方的交流”；结果，我获得了本次演讲的第一名，奖品是三星平板电脑。

我不曾想到这个结果，但是通过这次比赛，我收获了一份对自己学习韩语的自信，并且明白了一个通俗易懂，但不是所有人都能做到的道理。

你不试一试，怎么知道不行呢？

你是否和曾经的我一样，在机会面前犹豫纠结、自我辩论，最后因为种种原因否定且失去了尝试的机会？

你是否和曾经的我一样，在之后的学习生活之中，时不时地想起并且尝试自问自答“如果当初……现在会不会……”

我发现，解决这类问题的最好的方法，就是反问自己：你不试一试，怎么知道不行呢？

你如果不去奋力追求，怎么知道那个你心仪的人喜不喜欢你呢？

你如果不去学习一种语言，或者技能，怎么知道自己有没有这方面的天赋和才能呢？

你如果不去一个地方旅游，怎么知道明信片里的图画和实际的风景相差几何呢？

……

如果不尝试，我不知道以前跑不下八百米的我在训练半年之后能够跑完两万一千米的半个马拉松，并且在整个两个多小时的过程中享受脚下的每一步、做出的每一次呼吸；

如果不尝试，我不知道我能够在大洋彼岸的美国担任英语演讲俱乐部主席，用英语点评；

如果不尝试，我不知道在五年时间里其实可以读完英语博士外加经济学、英语教学还有教育学三个硕士；

如果不尝试，我不知道即使家里没有百万存款，作为留学生也可以勤工俭学、拿奖学金读完所有学位，并且还有余款可以寄给家里、补贴家用；

如果不尝试，我不知道世界这么大、这么精彩、这么多元和丰富多彩；

……

今天我把这些心得感受毫无保留地分享出来，如果以后你也遇到了一些可能的机会并且纠结，请你大声地问问自己：你不试一试，怎么知道不行呢？

是的，你不试一试，怎么知道不行呢？也许试着试着，就真的行了！

你的妥协也成全不了自己

朋友S酷爱旗袍，每次聚会都穿不同风格的旗袍出席，她说这辈子最大的梦想就是开一家旗袍店，天天穿着旗袍招呼客人，我们纷纷支持，觉得S如此热爱旗袍，一定会把这家店经营得与众不同。在我们的鼓励下，S决定无论如何都要开一家旗袍店，这辈子只剩下这么点爱好，再不去做，就真的老了。于是，S开始寻找店铺、货源，忙得不可开交。

朋友聚会时，我们关心地问她旗袍店什么时候开张，到时好去给她捧场。原本还谈笑风生的S突然变得闷闷不乐起来，说旗袍店不开了，说着，长长地叹了一口气。

我们忙问遇到了什么困难，看看有没有什么地方可以帮忙的。

S犹豫了一会儿说，老公不同意，觉得她现在的工作稳定又体面，收入也不错，还可以照顾老人和孩子，一旦开店，前期投入的时间和金钱会非常可观，而且她从来没有做过生意，老公对她的能力也不信任，觉得此举太疯狂了，并且还联合了她父母给她施压，父母也劝她别折腾，放着好好的福不享，开什么店呢！要是店没开好，还影响了夫妻感情，那就真的得不偿失了。

在一群人的反对下，S迟疑了，虽然还是热爱旗袍，虽然开旗袍店是她一直以来的梦想，但她不敢坚持。

我们叹了口气，没说什么，毕竟那是她的人生，她的选择，我们尊重就好。

回去的路上，S自嘲地说：“我以为只是妥协一次，结果我却妥协了一辈子。”

我认识S很多年了，她的性格和脾气都很好，很少与人争执什么，遇到事情总是习惯为别人着想。

念大学时，她想选音乐系，可是在父母眼里音乐不是个正经科目，念了也没大用，坚持让她选择金融，因为她有个姑姑是银行行长。S郁闷了很久，最终还是顺从了父母，选了完全不喜欢的金融专业，那四年里，我不止一次地听到S抱怨父母，但她却不敢按照自己的意愿选择。

毕业后，同时有两个男生追她，其中一个家境不太好，但对S用情极深，S也很喜欢他。另一个追求者就是她现在的老公，家境优越，但S总觉得他太过自私，可父母完全不支持她选择前者，认为缺乏必要的物质条件还怎么给她幸福。这一次，S抗争了，父母极为震怒，采取了更为激烈的手段迫使S就范，甚至跑到男方公司去闹，S很快败下阵来妥协了。男友流着泪对她说：“我根本不在意你父母怎么对我，只要能和你在一起，我什么都能承受。”但S没有足够的勇气与父母对抗，两人含泪分了手，S嫁给了父母满意的男人。

婚后，S是个好说话的人，有什么分歧，她会退让妥协，所以和现在的老公相处也没有大问题，如果不是这一次的开店事件，两人应该会一直平平静静地生活下去。

大多数人也觉得S生活得不错，夫妻俩收入不错，共同养育一个孩子，双方父母条件也不错，比起很多人而言，她已经是非常幸运的人了。

然而，在一次同学聚会后，S打电话给我：“亲爱的，今天我又见到他了，看见他的一刻，我只有一个想法，我这辈子嫁错人了，我不快乐，我真的一点也不快乐。”

我完全理解她的心情，S失去了自己的人生，一个没有期待和追求的人生，其他东西再充足，也是枉然。

结婚一年的朋友喝得大醉对我说："亲爱的，我遇见自己想要的人了，可是我已经结婚了，如果……如果他早一年出现，如果……如果我再坚持一年，也许人生就不一样了，可是人生没有如果，我没有出轨，可是我现在对老公处处看不顺眼，这样下去很危险，我该怎么办？"

看着她痛苦的样子，我除了叹气，丝毫帮不了她。

我曾经看到一句话，我们当中很多人，穷其一生也不会找到自己的真爱，因为我们在真爱来临之前已经向生活妥协，在周围人的催促和自我暗示下，与一个不怎么爱，却被称为"最适合"我们的人早早捆绑在一起，甚至很多人以"这个世界上哪有什么纯真的爱情，最后不过都是柴米油盐"来安慰自己。纯真的爱情、美满的生活绝对有，只是看你有没有勇气去坚持它的到来。

我们经常抱怨生活各种不顺心，婚姻生活平淡得像一杯白开水，工作枯燥乏味，毫无乐趣。

可是亲爱的，曾经你也对婚姻、爱情充满了憧憬，对事业有自己的规划和追求，为什么最后会生活成这样呢？你努力过吗？你坚持过吗？你有没有勇气在真爱到来之前抵住所有的压力，只为找一个自己喜欢又满意的伴侣呢？你有没有勇气抵住所有的质疑与诱惑，只为坚持自己的梦想呢？你妥协得越多，就失去越多，最后只剩下怨念与不甘。

我们一直以为妥协一些，将就一些，这个世界就会为我们让出一席之地，但最后除了失去更多，什么都不曾得到，徒增许多怨念。每一次妥协的背后，都有一个真实的目的，或者害怕失去，或为息事宁人，很多人认为降低标准可以得到自己想要的结果，其实不是，你所拥有的底线才决定你不会失去什么。一旦你丧失了底线，很快就会溃不成军，你所在乎的东西，会一样样失去。诚然，也许你能够获得暂时的平静，但很快就需要你做出更大的妥协，直至你丧失所有原则，被生活打入十八层地狱。

很多人百思不得其解，我已经一退再退，为什么还是得不到想要的结果呢？退一步未必海阔天空，也许身后是万丈悬崖。这个世界上值得你退让妥协的人只有一种，那就是成熟感恩珍惜你付出的人，可是这样的人却不会让你委曲求全，牺牲自己。比如你嫁了一个成熟感恩的老公，你愿意为了他放弃心爱的工作更多地照顾家庭，你愿意舍弃自己的爱好去成全他的追求，但他却不会让你这么做，他会尊重你的人生与付出。

一个需要你委屈自己时时妥协的人，绝对给不了你想要的人生。你的妥协成全不了对方，他只会在你的妥协中进一步提高自己的需求罢了；你的妥协也成全不了自己，因为每一次妥协必定带有目的，当事与愿违时，是否甘心，答案自在你心。

不必羡慕那些过得比你精彩自由的人，他们并不比你优秀，只是他们在自己的人生里，有自己的想法与追求，并且有勇气去坚持。

聪明不够，勤奋来补

我的智商非常一般，就是比别人勤奋。我的脑袋不属于特别笨的那种，但肯定也不是顶尖聪明的类型。

我的勤奋一般人比不上。我平均每天工作16—18个小时，如果没有应酬，平均每日三顿饭的时间加起来不超过半个小时。

[早上]

我比较喜欢在家里工作。早上六点半起床，晚上12点睡觉。以前一般是深夜2点睡觉，早上8点起床，但发现这样的作息反而对身体不好，不如早点睡觉，都是6个小时。

每天早晨冲个澡对我来说是必需的，不管是热水还是凉水，实在不行的时候，就拿盆水浇一下，唤醒自己，让自己活跃起来。

我很注意保持身体健康，每天早晨起床的第一件事，就是跑一两千米，每天都跑得大汗淋漓，特别是在夏天。

[晨跑]

我锻炼后，一般早上7点半开始工作，到中午12点。工作内容有邮件处理、工作布置、对新东方发展的思考等。另外，还有一些对孩子们的创业辅导，如洪泰基金等各种创业，因为年轻人创业不容易。

[午间]

我的中饭90%都是盒饭，有人来和我聊天，也是一人一份盒饭，最多加一瓶红酒。我很注意身体，吃完饭会散步10分钟。除了散步，我每个星期会有一两次游泳、一两次徒步。

[旅行]

现在，想安静特别难。比如旅行时住在某个宾馆，一吃饭就有很多人跑过来要照相，这样内心的安静就被打乱了。所以现在旅游一般会去人少的地方，如大草原，自己开辆越野车，带一两个身边的人。他们很少说话，会给我一个安静的私人空间。

我每年有1/3的时间上班。晚上有1/3的时间会回家吃饭，因为要回家陪孩子。还有1/3的时间是应酬，这包括出差的时间，每年有100天左右在外出差。

[夜晚]

我到现在也不敢说我领悟了生命的本质，但是我至少有了比年轻人更多的勤奋。

我的勤奋能给我平时的思考和讲课补充营养。拿读书为例，我平时读书有意无意会写一些新的观点、新的想法。我翻书翻得挺多，但认真读书有时很难。我一年认真读的书也就二三十本。我平时用一两个小时就能把闲书翻完。

坐飞机、坐汽车，这些时间就是我读书的时间。从小到大，我坐汽车没有晕过车。我在特别颠簸的时候都可以用电脑工作，在汽车上看书、看视频，用电脑10个小时，感觉跟在办公室一样。

[阅读]

我这一辈子，对钱的多少没有什么感觉。在北大的时候，一个月60块钱，我很开心。现在我有了这么多钱，但自己平常月消费一般两三千块钱，包括买书。

我在北大当老师，到后来觉得当老师有成就感已经是三四年过去了。当老师特别有成就感的一点，就是学生特别喜欢你的课。但这种成就感并不是上来就有的，而是经过不断地琢磨，每堂课都在改进。

刚开始你上课有的学生开小差，有的学生背着书包跑了。到最后教室里的人越来越少，到最后教室里的人提前走。

前两年是很有挫折感的，因为怎么教都教不会。怎么教都觉得知识不够，还会羡慕教得好的老师，但怎么模仿都模仿不了。

[讲座]

后来发现别的班的同学都来听你上课了，这经过了两三年的时间。这是一个过程。

当老师是一个对知识理解、对知识融会贯通的过程。还要举一反三。再加上你的口才、对学生的了解和对学生的察言观色。这是一种综合能力。

所以我一直对大学生说，你毕业以后不管在什么地方，当个两三年老师，对你一辈子都会有好处。一辈子学会了，比如说有口才，知道怎么样表达，还知道前面这群人是不是愿意听你讲。

我现在告诉年轻人，就是要去闯、去努力、去奋斗。只要不做坏事，只要保持良心，剩下的什么事情都能去做。

和年轻人的勤奋不同，现在我的勤奋已经是另外一种概念——思考。我会经常写一些笔记、感悟等。我现在的体会是：心在退，人在进。“心退”是让天地更加广阔，“身进”是因为知道逆水行舟不进则退的道理。

但是我不能和年轻人讲这些东西，因为没有一个人能把自己的经历体验种植到其他人的身上。就好像克隆，可以克隆出另一个俞敏洪出来，但那个俞敏洪是一片空白，而这个俞敏洪却是经历过人生风雨后的一种丰硕状态。

这是两种完全不同的状态。

所以我想对年轻人要说，去努力吧，去恋爱吧！找你自己最想找的男人！做你自己最想做的事情！不要怕失败，不要怕艰苦！

别把你本该背负的重担转移给他人

[1]

大学同学S一毕业就结婚了，婚后不久怀了孕。本来她想等孩子满一周岁就出来工作，可是她身体底子太差，生孩子时落下一身病。老公体贴她，让她安心在家照顾孩子，不用考虑挣钱，他一个人能养家。

从此，S便一心一意在家做全职太太，再不考虑上班的事。几年后，S又生了一个孩子，更不想出来工作了。

两个孩子都上了学，S有了大把休闲的时间。她经常在朋友圈晒照片，美食、旅游、帅气的老公和两个儿子，还有宽敞明亮的家，让我们这些上班族羡慕得红了眼。

我偶尔和她聊天，夸奖她老公能干，一个人能养四个人，还把日子过得那么滋润。S总是表现得不以为然：“男人嘛，挣钱养家是应该的。”

当初体质虚弱的S，经过这么多年的调养，已是珠圆玉润，看着比同龄人年轻很多。她时常在朋友圈发一些文字，大多是“岁月静好，现世安稳”之类的内容。

她微信上的名字干脆就叫“岁月静好”，我常常加班到深夜刷朋友圈时，一低头看到她的头像就忍不住心生悲凉：同学不同命，人与人之间的差距怎么会那么大？

[2]

春节刚过，公司要举办一个大的商务活动，我负责采购红酒。记得S的老公就是红酒经销商，于是给她打了一个电话，要了她老公手机号。

电话接通，S的老公听我说明来意，很是兴奋。他说去年和我们老总推销过他经销的红酒，但是没有签成，这次希望我能在老总面前多美言，促成这个大订单。

我们约好时间，让他送几个样品过来供我们挑选，当然，最后签单还是要老总定夺。

S的老公把红酒样品送来时，老总正好在市里开会，让我们把红酒拿过去，等散了会一起去饭店吃饭。

很快到了老总开会的地点，老总说马上出来，让我们在车里等他一会儿。

S的老公执意不肯在车上等，他说这样不礼貌，就站在车旁等着。北方二月里的天，和冬天差不了多少，温度还很低。我怕冷不愿下车，就在车上坐着。料峭的寒风里，S的老公西装笔挺地站在外面。

他和我只隔着一层车窗玻璃，脸上冻得起了一层鸡皮疙瘩。他带着谦卑的笑容，专注地看着会议厅门口方向。

等了二十多分钟，我们老总终于出来了。S的老公赶紧抢步迎上去握手，我也下了车。我们老总握了一下他的手，有点吃惊："你的手怎么那么凉，没在车里等我吗？"S的老公连连说："没关系，没关系，车里太闷，正好透透气。"

我们一起去饭店吃饭，品酒。

酒桌上，为了表示诚意，S的老公一杯接着一杯地干，把我看得心惊肉跳。我劝他少喝点，酒喝多了对身体不好。他笑，没事，已经习惯了，经常这样喝。我这个老板说得好听叫“总”，其实就是销售员，不喝酒怎么卖酒？

中途的时候，S的老公说去一下洗手间，我看他脸色十分难看，就追了出去。洗手间门口，一股刺鼻的酒味迎面而来，S的老公弯着腰在洗手池那吐，表情痛苦不堪。他看到我，强颜笑了笑，继续吐。

我默默退到门口等他。想起S秀的那些幸福，不由苦笑。她一定不知道自己老公的工作会如此辛苦，那些光鲜背后，就像他穿着单薄的春装站在寒风中等客户一样，不过是咬紧了牙关支撑。

[3]

青春年少时，我并不懂得自己那些快意活法都是来自父母的躬身托起。我迷席慕蓉的诗，做琼瑶的粉，为赋新词强说愁，唯独没想过父母的辛苦和劳累。

婚前，我甚至在家里没有洗过衣服，更没洗过碗，婚后也整天在父母那蹭吃蹭喝，吃完抹嘴就走。曾经有年轻的同事看到我的手，无不艳羡地说，姐姐三十几岁人，手竟如同婴儿般柔软白皙。我扬扬得意，自诩丽质天生。

记得那一天，妈妈手上的戒指摘不下来，让我帮忙。摸着妈妈的手，感觉那么粗糙，心口不由一紧。低头看时，发现指尖全是裂口。大的裂口上，贴着医用胶布；小的裂口，一个个张着嘴，仿佛诉说着经年的辛劳。

我满心愧疚与感动。妈妈这双粗糙的手，为我承担了太多的累，我却一直以为那是天经地义。

如果你活得格外轻松顺遂，可能是有人替你承担了你该承担的重量。

那个替你负重前行的人，就是这个世界上最爱你的人，他总是怕你太累，而把最多的放在自己肩上。如果一个人对你好，绝对是命运的恩赐，而不是理所应当。哪怕是夫妻，哪怕是父母。

你要学会珍惜那个人。

你总在羡慕他人，不过是因为你不够强大

[为什么你总是羡慕别人]

今天公司组织聚餐，大家都乐乐呵呵的，坐在旁边的小叶看起来却心情不好，我看她一直叹气，就问她说："怎么了，不开心吗？"

小叶一脸尴尬，连忙说："林姐，不好意思，我不是要扫兴，本来这聚餐挺开心的，就是吧……"她欲言又止。

我笑了笑说："没事，有什么不开心的跟林姐说说，看看我能不能帮你。"

听我这么说，她拿出手机给我看她朋友圈，连着几条都是一双新人的各种照片，有婚纱照，有出去旅游的照片……男生长得帅，女孩生得美，两人笑得很开心，看得出来是幸福的一对新人。

小叶翻着这些照片，跟我说：

"这个女生是我同学，刚结婚，他们最近去度蜜月了，去的马尔代夫，她老公对她可好了。她自己工作也很好，工资高，福利好。可是你再看看我，我最近工作各种不顺，家里吧，孩子吵，老公又只知道加班，也不懂得体贴人。真的是很羡慕我同学，真幸福啊……"

"可是，你刚结婚的时候也很幸福啊。"我打断了她的说话，"当时看到你发的照片，笑得很开心啊，我们当时可羡慕你了。"

听我这么说，小叶怔住了，“是啊……可是现在……”

“别老是看到别人幸福，你也是很幸福的。你想想，你朋友晒出来的肯定是最好的，你拿出自己生活中最不好的东西跟别人最好的一面比，怎么比得过？别忽略了自己生活中幸福的点点滴滴。”

看着小叶沉思的表情，我想起之前的自己。

[你羡慕别人，别人也羡慕你]

几年前，我的孩子还在上小学。那时的小宝学什么都比别人慢，人家花半个小时就能背下来的古诗，我家小宝要花一个多小时，甚至更久。我在旁边看得着急啊，但也不能责备孩子，因为孩子确实用功了。

那段时间，我一直很烦恼，毕竟哪个父母不希望自己的孩子成龙成凤。直到后来有一次去朋友家玩，他家孩子是典型的别人家的孩子，聪明，脑袋瓜转得特别快。

那天，我就跟朋友说：“真羡慕你，有个这么好的孩子，不仅学习好，唱歌、书法样样在行。不像我家小宝，学什么都慢。”

“哎，你这句话可千万不要让小宝听到。”朋友表情严肃地批评了我，“让孩子听见该伤心了，你们都说羡慕我家孩子学习好，但你们不知道他有多调皮。我就觉得小宝挺好的，多懂事，多有礼貌。每个孩子都有自己的好，多花点心思在孩子身上，发现他们的闪光点，不要总是羡慕别人。”

朋友的这段话简直一语惊醒梦中人，令我无地自容。从那以后，我就抽出时间陪孩子背古诗，孩子记不住，我就给他一字一句讲解意思，慢点就慢点，咱速度慢，可是咱记得清楚，记得深刻不是。果然，在我的鼓励下，孩子成绩越来越好，加上他本来就懂事有礼貌，特别受老师和学生喜欢。

其实，很多人就跟我和小叶一样，我们深刻地体会着自己生活中的酸甜苦辣，不免觉得苦闷。所以当别人秀幸福的时候，我们就会下意识地拿自己不好的一面去跟别人好的一面比。这种比较不是徒生烦恼吗？

[比较，是毁掉幸福的敌人]

当别人幸福时，一比较，我们好像就没那么幸福了，但真的是这样吗？当然不是！

我们往往看到别人晒出来美好的一面，却没有看到这种美好背后藏着的辛苦。

别人幸福，是因为别人付出了努力；只要我们肯努力，我们也照样可以幸福。别人的幸福和自己的幸福，并不存在反比关系。也就是说，别人幸福，并不会影响我们自己幸福。

其实，当你在羡慕别人的同时，别人也在羡慕你。所以，大家都一样，都在认真地生活，谁也不用羡慕谁，谁也不需要被别人羡慕。

[幸福不是比出来的]

我们常以别人的肯定与否来证明我们做一件事情的价值，来决定我们的幸福感。但事实是，我们做一件事情，幸福就是幸福，不因别人的评价而改变。

拉尔夫·沃尔多·爱默生说过："幸福就像香水，不是泼在别人身上，而是洒在自己身上。"生活中的幸福是用努力换来的，而不是比出来的。

都说熟悉的地方是看不到风景的，所以我们看到的总是别人的精彩。

说到底，还是我们活得格局太小，我们总羡慕别人，过多地把心思留在别人的世界里，反而忽视了自己生活中的幸福。有时候，我们真的需要告诉自己，把目光收回来吧，也看看自己世界里的满天星光。

看到一段话，觉得挺好：

“怎么样能做到不去羡慕别人呢？”

“强大到，只看见自己生活中一点一滴的美好……”

希望你、我，都是这样的人！

别找理由，要努力才行

成长奋斗的路上不要害怕失败，此刻的你完成不了的事，并不代表通过自己努力后也完不成。

别再为自己的不努力找理由了，这些只会让你越来越甘于平庸。你不知道，你在为完成不了一项任务找理由、想懈怠时，其实很多聪明又努力的人在面对同样的任务时，他们懂得找方法，而不是冠冕堂皇地找各种理由。

“找理由”哥们儿是我的同事，会计专业，毕业于武汉某高校。刚上班时，“找理由”哥们儿问我是不是有关系走后门进来的，我说没有，我们都一样，都是通过人事局发布通知报名进来的。

工作中，“找理由”哥们儿总喜欢埋怨领导不重视自己，专业不对口，机会少，所以他每天上班都是浑浑噩噩地度过。他说自己的目标是考公务员，可每天上班听到他说的话是“昨晚我因为烦躁失眠到凌晨才睡着”，下班时听见他说的是“又过了烦躁的一天”，每天都这样无所事事。

我说，如果你把心态放好，少找理由，而为工作找机会，就不会觉得烦躁了。你此刻在这里上班，就得先安心，既要做好工作，也要背书不耽误自己考试。他听了后，笑着说知道了，明天开始学着写新闻。

第二天，“找理由”哥们儿来上班，仍然是戴着耳机无所事事地闲逛。我说你不是准备学写新闻吗，他又会找很多理由说明自己不想写新闻的原因，比如他说自己从来没有写过文章，脑海里没墨水；他会说新闻都是模式化的，如果老同事能教自己就好了，却没有见过他请教老同事；他会说自己在网上看过别人写的新闻，可总是会因为没灵感而放弃。总之，“找理由”哥们儿会因为这样那样的理由而推托。

其实，“找理由”哥们儿总是喜欢给自己能够做好却不敢挑战尝试的事情找理由。

很多时候，你的各种理由只会让你愈来愈逃避问题，不敢正视问题，不敢面对现实。

除了更新电子版新闻，“找理由”哥们儿基本上就没什么事情可做了。很多时候我想让他帮忙，他嘴巴上倒是说得好，马上做。等过了一会儿再问他时，他却懒散地说好，我马上做，不忙不忙。每当听到他这么一说，我就自己解决问题了。等我工作忙完了，“找理由”哥们儿才说你需要什么，我帮你。我说我已经做完了，他会惊讶地说这么快呀，那我继续看视频了。所以，“找理由”哥们儿大部分时间都在上网聊天，看电影，听歌。

有好几次几个同事在一起吃饭，闲聊间，当同事提到他的朋友考上公务员了，或者同学在国企上班福利待遇特好时，“找理由”哥们儿总喜欢补上一句：“肯定是有关系的”。

有一回，“找理由”哥们儿又在我面前念叨新闻不好写，领导也不重视自己，每天这样庸碌地上班很没劲。那一回我也是心直口快地说他如果总把领导不重视，新闻不好写当作懈怠自己不求上进的理由，那么无论到哪儿，还是会产生同样的感觉，哪怕以后做回了会计，如果仍是在奋斗的路上为自己找各种理由，是不会有任何改变的。

“找理由”哥们儿听了后，可能被我说得不好意思了，便沉默了许久才问我，该怎么办。我说，你别怪我是直肠子，我也是为你好。如果你想改变，可以从一点一滴开始做起。你将来想做回会计，那么你可以努力看公务员考试的书，但你考公务员总得有申论题目，所以尝试着看别人写的评论文章，学会做笔记，自己有观点也写上一句，积少成多地努力总会获得成功。

我对他说，其实学写新闻不难，就算不写新闻，至少你得懂一点公文基础，也方便你考公务员。以后进了政府部门，也不会把工作划分得很具体，一个新人要做很多份工作，而写公文就是其中之一。“找理由”哥们儿则说，他晚上回出租屋也试图看书，只是和他合租在一起有好几个老乡，晚上太吵闹了，也受不了他们一起去网吧打游戏的诱惑，便不想看公文方面的书。你看，这些又是“找理由”哥们儿的理由。

有人说积极的环境会造就积极的人，消极的环境只会让人愈来愈消极。我却不这么认为，我从来不会把自己的失败归咎于外界。我读大学时寝室也各种吵闹，但我仍然会淡定地看书学习，实在忍受不了便会选择去图书馆学习。而且通过努力，我拿到了奖学金。富兰克林写过：“既然实现你的理想和目标关键在于采取行动，那么就没有寻找理由的余地。”

其实，“找理由”哥们儿只是安于现状，不愿努力。他总喜欢说自己专业不对口，可是很多人学习多种语言，考取多种资格证书。

努力奋斗与专业无关，只要你想改变自己，任何时候你都得学习不同领域的知识。记住，贫穷并不是你自甘堕落的理由，有很多寒门出奇迹的例子。如果你总是为贫穷找理由，而不为改变贫穷想方法，那么就会一直处在贫穷的现状。

在竞争激烈的今天，你不要总是为生活找诸多理由，理由多了，难免得过且过，难免不思进取，难免不愿花时间为梦想努力。

平淡的生活并不代表平庸，不管你想过怎样一种生活，都需要付出艰辛劳苦去耕耘。

当你因为一件事情想找理由前，能不能换个思维方式思考问题，想想能拿什么方法来解决，而不是否定自己。

有些成长，的确需要经历痛楚与磨炼，才能促使自己更加坚强。很多时候，我们可以变得越来越好，变得让自己对自己刮目相看。只是，我们常常被奋斗过程的那些理由，一点一点地消磨我们的拼劲，让我们甘于平庸。

除了抱怨，你还会啥

我的一个朋友，经历了一件很奇葩的事。

她和男朋友小打小闹，分手了。分手后，有天晚上，她和几个他们的共同好友出去玩，共同好友借了她男友的新车。

车上，几个朋友起哄，问他们闹什么别扭。她正在气头上，于是大吐苦水，抱怨男朋友如何不好，讲了十几分钟。后来想想，其实他也不是一无是处，凭良心说，他对她很不错，于是又说了男朋友的很多好话。

后来过了好几天，男朋友都没主动找她。她慌了，平常冷战都是他先低头的，这一次，她耐不住性子去问他了。

她男朋友说："我总算知道了，原来，我在你眼里就是这么不堪。"

原来，她男朋友试新车的行车记录仪，正好回放到了他们晚上出行那段，听到了她大吐苦水的那番话。

她男朋友还特意说，他太失望、太心寒了，只听了一段，就没再听下去。她欲哭无泪，她说完气话后，花了更长时间说他的各种好呀。可惜，他都没听到。

因为一场被误听的抱怨，他们真的分手了。

前段时间和姐姐叙旧，聊到她办公室里的同事。

姐姐说，邻桌的两个姑娘，特别爱抱怨，两个人一唱一和地诉苦，让旁人都不知道该怎么接话。因为她们俩，整个办公室的氛围都变得很压抑。

而姐姐很欣赏的一个同事，活得很潇洒。她常常换新发型，每天从家里

带饭，饭盒里的饭菜摆成什么样，都很讲究。有一次，被领导骂了，

她气定神闲，吃饭，洗饭盒，还不忘给自己泡了杯柠檬水，话都没有多说一句，非常冷静地处理工作。

还有一次，单子出了问题，同事替她担心，问她要怎么办。她收拾东西，照常下班："现在干着急也没什么用，明天上班再处理呗。"

我问："领导不会觉得她工作不上心吗？"

姐姐说，恰恰因为她坐怀不乱，不把负面情绪代入工作，业务反而完成得比那两个爱抱怨的姑娘好。

其实，做同样的工作，谁的单子没出过问题呢，谁没被队友拖累过呢，谁没挨过领导批评呢。遇到这些问题，情绪不能解决任何问题。一直处于糟糕的情绪，只会让身边人对你避之不及。

毕竟，他人没有义务做你的情绪垃圾桶。

情绪稳定的人，往往更讨人喜欢。

中午的时候，梅子姐和我聊天。她这两天在搬家，遇到一些糟心的事儿，发现有很多人，在遇到问题的第一时间，总是不能镇定地想解决办法，而一定要赌气、难过、抱怨。他们在情绪的沼泽里越陷越深，埋怨上天不公，却迟迟不动身解决问题。

其实，我也时常如此。一遇到困难就惶惶无措，负能量爆棚，经历愚蠢且无用的自我消耗，甚至把这些情绪撒在别人身上。

梅子姐说，工作久了，她发现抱怨其实没必要。问题总是不断出现，兵来将挡，水来土掩，有问题去解决就好了。

在工作中，那些经过历练的人，会直接跳过这个阶段，动身行动。而那些抱怨命运不公的人，总是在这个阶段浪费很多时间。

别让你的人生，毁在抱怨二字上。

别小看了你的二十几岁

[1]

接到入职审批结果的那天，是我在现在的单位坚持实习刚好满9个月的日子。

坦白说，关于通知的出现，我曾在脑海里勾画过无数次不同的画面，而我也曾一度认为当这些画面拼凑在一起的时候，不论是喜剧还是悲剧，都将是一部励志“微电影”，而我这个“微电影”女主角一定要为这部电影配上最感人旁白。

记得有次遇“文荒”，在向朋友们征求题材的时候，一位朋友的推荐是职场故事，当时，我果断拒绝了，理由是我会写，但时机还未到。作为一个还未真正踏入职场的人来说，谈论职场故事，我不够格也毫无经验。

但是即便是这样，我也不忘构思关于坚持的文章，不仅仅因为我喜欢写作，更是因为我觉得每一段经历都值得被记载。而关于坚持，我曾想过两种结局，一种是我会选择在某一天，挥一挥衣袖，跟这份坚持说再见，然后故作镇定地用骄傲的语句写上一篇名为《坚持过，只是不再坚持下去了》的文章为这段不完美的经历画上一个句号；另一种结局是我凭借这份坚持终于迎来了我想要的结果，那时，我想我会激动地用诙谐的词句写上一篇名为《闺蜜诞生了孩子，我“出生”了工作》的文章，我觉得写这篇文章时我一定会把自己写哭，所以，文章的开头我应该会备注上：“亲爱的朋友，请珍惜你所看到的每一个字，因为要知道，这里面的每一个字或许带有现在正在码着字的这个女孩不禁流下的泪滴呢。”

坦白讲，在接到通知前，我秉着无论上天给我的这份坚持安排何种结局，都会记下关于这份漫长等待的所有心里话的信念。可是，当结果如期而至的时候，我的反应竟是麻木的，没有兴奋窃喜，也没有感动大哭，出乎意料地反而心里涌上了一股莫名的苦味，继而慢慢散开，那种涩涩的滋味在口腔内久久未能散去……我不能明确说出这其中的原因。有时候当漫长的等待，终于等来了结果，其实也意味着一段关于坚持的经历被彻底宣判了结束，而结束，注定伴着新的开始，而新的开始，又将带着满满的新压力扑面袭来。

当然，正因为上述情况和我当初想象的画面实在差太多了，所以，我的备选题目很遗憾统统都被淘汰了。可是文章不能没有题目呀，于是，我又临时想了现在的这个题目，希望接下来的文字，虽然记的是过去的坚持，但还是可以成为你我继续前行的暖心动力。

[2]

有人说“念念不忘，必有回响”，我从特别相信到慢慢质疑，最后甚至开始否定，可是现在我又选择了再次相信。生命给我很多考验，以至于我到最后开始怀疑老天爷的不公平，可是当这份坚持终于等来了回响，我似乎明白，一个敢于付出的人，最后都是幸运的。好在，老天爷最终还是眷顾我的，它至少没有让我灰溜溜地和这份漫长的等待不甘心地说再见。

关于这份9个月的坚持，很多人听后都会当面说我傻。一开始，我会理直气壮地反驳，可是后来，随着时间的推移，我变得浮躁，变得想要放弃。

可是放弃也不是一件容易的事啊，就像坚持一样，每一份坚持的背后藏有不一样的原因，而放弃的过程就是一个反复寻找理由对抗坚持的过程。人之所以坚持，不敢放弃，很大程度上并不是因为活得太小心翼翼，而是，还没有找到足以对抗坚持的坚定理由。

我仔细考虑过我的这份坚持，究竟是靠什么力量支撑着的。我发现，可以用以下三个方面来阐述。

1. 倾注越多，放手越难。

当一份坚持随着时间的推移，不断累积的“过去投资”会大大影响我们的选择，于是我们不知不觉地陷入了“沉没成本”设下的圈套。简单地理解，这就是我们常说的不甘心心理在作祟。

你玩过夹娃娃机吗？其实玩娃娃机是很费钱的一项游戏，花很多钱都未必能夹上一个娃娃。可是很多人还是会不停地往里投钱，原因只有一个，倾注越多，越难放手。我看过一个人玩娃娃机，在花了很多钱之后，他终于夹到了一只，我以为他会就此放手离开，可是，他将夹到的娃娃退给了商家，然后用商家退的钱继续玩。显而易见，他“上瘾”了，其实也不仅仅是“上瘾”，更多的是，那个娃娃让他看到了希望，让他觉得这项游戏其实并不难，他可以用他掌握了的夹娃娃技术，继续让过去的成本减少再减少。暂且不说结局会如何，光从这个心理角度来说，很明显，迷恋娃娃机的人，心里藏着不甘心。他的投入越多，他的这份不甘心便越是严重。

回到我身上，我的9个月等待，倾注了很多，想过放弃，可是又不甘心，于是总是要等到突然之间的一个“惊喜”，突然间让我看到了坚持下去的希望，于是我又开始不断地投入，期间我必须要忍受再次看不到希望的苦恼，可是只要一想到过去的投入和付出，瞬间又会不甘心起来，于是我能做的，只有继续下去。

在很长一段时间里，我都抱着试一试，再试一试的心态，我不知道结局会怎样，不知道是输是赢，是猛登高峰还是突坠悬崖，我只知道，一旦放弃，我便一无所有。

2. 心最终会晴朗，因为身边有群懂我的人。

你知道人在面临绝境，无能为力的时候，常常会说出怎样的话吗？

“算了，如果还是不行，我就放弃！”

“我不想再努力了，这是最后一次！”

“反正已经够惨了，再惨也惨不到哪里去了！”

……

这些话看似是在放弃，实则是给自己的一次又一次的“最后一次机会”。

说实话，在这9个月里，我的心不总是晴朗，情绪总是波澜不定，令人捉摸不透。好在，在我坚持不下去的时候，身边总有一群懂我的人，会说这样的话：

“妹妹很坚强，再等等吧，你的努力终会被看见的！”

“再坚持坚持，你可以的，你想要的，老天都给你准备着呢！”

“别难过，乐观点，或许明天就会有转机呢！”

……

这些话充满鼓励，带着希望。但只要一听到，仿佛第一时间照亮我的整片灰色天空，让我收获雨过天晴的喜悦，于是笑一笑，好像又能继续向前了。

我很感谢这群人的存在，因为是他们陪我等到了答案，把孤单变成了勇敢。他们用肩膀为我撑起了我的世界。

3. 所有因悲愤而起的“报复”，不能使你堕落的，就一定能让你变得更强大。

微信订阅号里看过一个失恋女生写的一篇心情故事，不同于其他失恋文章。她的文字里充满悲愤之后的强大报复力，她的初衷很简单，就是希望有一天，她所有用心写的文字都会被曾经抛弃她的那个男生看到，然后让他后悔甚至回心转意。后来，她做到了：她的文字被朋友圈疯狂转载，虽然曾经的那个他还是没有给她任何回应。但是她还是成功了，因为分手带给她的最大意义在于，她让自己变成了更好的自己，光这一点，已足以。

不知道你认不认同：所有因悲愤而起的“报复”，不能使你堕落的，就一定能让你变得更强大！说到这，大概你已经猜到了，我的坚持也和一场因悲愤而起的“报复”有关。那年有个人听过我对未来工作的展望后，抛出了嘲笑，而后我在追梦的路上真的出现了一次又一次的失利，于是那个人继续用嘲笑狠狠砸向我，顺带向我证明了自己的先见之明。

关于那个人，我现在早已没了联系。那个人或许早已忘记自己曾说过的那些话了。可是，我依然记得，每一字都像是一把藏在我背后的利刃，我只能向前。于是，我带着不服气，坚持了这份漫长的等待，从一开始的证明自己，报复他人，变成了后来的令自己变好，原谅甚至感谢别人。我才发现，原来，我咬牙坚持的这段路，让我变得更强大！

[3]

有人说，如果看不到明确的未来，还要不要付出？我只能说，并不是每一种付出都是在追寻结果，有时在付出的路上，能够收获的，是清楚地看到了自己想要的，或者不想要的，这何尝不是一种宝贵的结果呢。

我可能永远都不会忘记一种感觉，那就是当领导同事传授我做事经验时，我内心散发出来的远比拿工资还满足的那份感觉。我希望，多年后，不管我在什么岗位，做着什么样的事儿，拿着多少的工资，都能记住这种知足的感觉，因为它足够宝贵。

在毕业以前，我从没想过自己可以坚持一件看似希望渺茫的事情那么久，也没想过毕业了的我还可以比学生时代的那个我更勤奋，能像海绵一样汲取每一滴水。我相信每一次积累、每一回历练，都会在未来的某一刻派上用场，把我推向一个位置。而我真的靠着这个信念一直撑到了现在。仔细回想这9个月，那些过去我以为过不去的，其实都已经过去了；过去我以为扛不住的，现在也已经扛下来了。

[4]

二十几岁是个什么样的年纪？有人说，二十几岁根本没有十年，因为时间过得太快，我们需要做的事又太多。看起来的满满的十年，我们需要花上一半的时间去拿学历，然后花剩下的一半去跻身立足，实现梦想。我们学习、毕业、求职、恋爱，然后被抬进婚姻，成家、生子……每一项看似简单的任务，顺利完成是一回事，完成得漂亮又是另外一回事。其实别小看我们的二十几岁，它决定的可能是我们接下来的人生轨迹。

让我们一起为自己的人生继续努力！

每一次的咬牙坚持都在朝最好的你靠近

最近又到了毕业季，时常会有一些准备毕业的学弟学妹向我吐槽，说自己实习的工作单位领导不好，准备炒老板鱿鱼。也有一些已经找到工作了的，问我怎么样找到更好的单位，说现在的工作这也不好那也不如意，不能达到自己预期的期望。这个问题，我觉得好难回答。

在我眼里，公司、领导或者同事都没有绝对的好和坏，每个公司、每个领导、每个同事都有好的一面，也有可能不是那么好的一面，重要的是我们如何看待这些好和坏，如何学会让这些资源变成自己成长和历练的好帮手。

就我个人而言，至今已经工作了6年时间，从事过几份工作，进入过几家公司，遇到过形形色色的人。这些公司有大有小，有比较团结也有喜欢拉帮结派的。遇到过的领导，也是五花八门，有很关心下属的，有漠不关心的，也有过百般刁难的。同事更是不用说了，什么样的都有，有阿谀逢迎喜欢拍马屁的，有埋头苦干默默无闻的，也有雷厉风行敢说敢做的。可以说这6年的经历，远比我读十几年书对这个社会的了解要深透得多。

刚刚毕业的时候，我也总觉得能够遇到一个好公司、遇到一个好领导、遇到一帮好同事是件特别幸福的事情，总想着如果自己毕业后能够如愿以偿遇到这么好的公司，该有多好。后来慢慢发现，这样的公司也不是那么容易遇见的，相反，想着结果会更糟糕，可能遇到的反而没那么糟糕。仔细回忆，我自认为在自己的求职生涯中，曾经遇到过一个不错的公司，那个公司领导非常开明，同事之间相处很愉快，工作效率非常高，没事的时候我们总是有说有笑，其乐融融的。那时候，全公司人在一起吃饭，觉得像一个大家的感觉，特别开心。初涉职场的我以为这样的局面会持续很久，可好景不长，没多久的一次中层领导变动，搅乱了整个格局，确切地说是因为竞争的关系，新进的领导和先前的领导时常因为观点不同发生摩擦，在处理一些问题上总是各自为政，互不相让，而下面的人也开始分成两派，你我都互不相让，谁都看谁不顺眼，整个局面就变得特别糟糕。很多同事对这样的大环境感到不适应，陆陆续续走了。只有少部分人因为谋生的原因，即使环境变得再不好，也不得不咬牙坚持，我就是其中的一员。

记得那些日子，领导之间明争暗斗非常厉害，各个都互不相让，下面的一些人，自然成了领导斗争的牺牲品，我们就是处于两头不是人的状态。有时候这个领导刚刚叫我们干这样的活，那个又压一堆任务给我们，加班加点是家常便饭。最难过的是，当我们没日没夜做出成果时，领导各执一词，最后我们不仅吃力不讨好，还哪边都得罪不起，一个事情往往要提供多个选项，这让我们感到特别的崩溃。为了发泄情绪，很多时候，我们只能一边强装微笑接过任务，一边相互吐槽和诉苦，有些性格急躁的同事甚至都还爆粗口，可就算这样，为了生活，我们还得继续坚持。至少我是没敢抱怨太多，因为谋生的问题摆在眼前，你不做照样有人做，这个世界上最不缺的就是随时可以替代我们的人。

想到这些，我就告诉自己，不管现在多苦多累，都是一个积累的过程，有一天也许我们会庆幸自己曾经努力过、苦痛过。果不其然，在那里咬牙坚持的日子，让我们成长很快，无论是在吃苦耐劳、任劳任怨方面，还是在沟通交流、察言观色方面，我们都突飞猛进的成长。正是那段日子的历练，也让留下来的那几个同事在一年后陆陆续续都找到了更好的下家。我跳槽之后成功竞聘到了一个开发区做土地开发，工作环境和薪资待遇都有了明显的提升，而另外和我一起跳槽的两个同事，一个去做了她梦寐以求的记者，还有一个进了某家知名银行。后来几个偶尔小聚，谈起那段时间咬牙坚持的经历，谈起那个糟糕的工作环境，我们几个依然还是觉得十分感谢那段日子，感谢那段吃力不讨好的时光，因为没有那段日子的历练，恐怕我们都很难快速成长，而后遇见更好的自己，遇到更好的工作单位。后来，我时常这样告诉自己："生活有多无奈，我们就有多坚韧；环境有多恶劣，我们就有多顽强。"

有时候，我们真的要学会换一个角度看问题、看世界。年轻的时候，我们都很单纯地觉得一个很好的环境能够塑造一个人，因为好的环境给了一个人非常优越的成长平台；可长大后，我们却发现，职场里不是每个地方都是一片沃土，很多时候，越是贫瘠的土地，我们越要学会顽强地与恶劣环境抗争，最后在贫瘠土地上生根发芽、枝繁叶茂、开花结果。明白了这一个道理，我们便也少了很多抱怨，多了很多信心和勇气，而每一次的咬牙坚持，甚至是哭着咬牙坚持，定会在未来的某一天，让我们看到不一样的自己，甚至迎来希望的曙光。

谁的生活不是一地鸡毛

在吃过很多苦，

经历过很多煎熬之后，

你所积蓄的能量像阳光一样，

照亮你前行的路，

让你和真正的那个你相逢。

人生总有灰暗时刻，你需熬过去

爱情不是依附，爱情是各自独立坚强，然后努力走到一起。

[1]

在漫长的等待中，你会怀疑，那个命中注定的人，是不是早就错过了。

于是你停留在一个男人身边，只为了贪恋一点点温暖。

恋情的最初，他的赞美令你重获自信，被人依赖让你觉得自己很重要。

时间久了，你会发现，做他眼中最棒的女孩，很累。

[2]

Hebe是我认识的一个上海姑娘，聪明、独立，靠自己的努力在外企混得不错。

她的男友是个老实人，老实到他们共同的朋友总是半开玩笑地让Hebe不要欺负他。

男友对Hebe很依赖，吃饭、约会、旅游都听从Hebe的，甚至买衣服也要Hebe拿主意。

男友常说：你是我遇到最棒的女孩！我会好好珍惜你。

这话听起来很甜，后来她发现有些不对劲，和他在一起，她简直操碎了心，比单身时候要考虑的事情更多。

不管她为他做了多少事，他从不会考虑她的需要，甚至不会主动哄她开心，逢年过节送束花都要Hebe提醒。

有一次，他们和另一对情侣出国旅游，遇到退税纠纷与海关理论。

那对情侣全程高度配合，俩人用尽毕生词汇量争取权益，而Hebe据理力争的时候，男友却不发一言。

事后，男友解释为他的英语不好，反正也帮不上忙，怕给Hebe添乱。

这不是第一次，这成了压死骆驼的最后一根稻草，Hebe提出了分手。

男人不明白，我们努力让自己活得独立自主，不是为了照顾他，而是为了站在他身边的时候，不成为他的负担。

能成为你眼中最棒的女孩，我很荣幸，但这不代表在爱情中我要无条件的承担更多的责任。

[3]

Ruby和男友大学毕业后留在了这座城市，城市很大，梦想渺小。

男友工资只有三千元的时候，他对Ruby说：等我月薪过万，我们就结婚。

那时候他们很穷，夜宵去撸串都是奢侈，连一锅泡面都能吃得津津有味。

七年过去，Ruby一路升职到世界500强企业的部门经理，工作稳定，收入不菲。

男友换了几次工作，后来和朋友一起开公司，亏了不少钱，他有过月收入过万的时候，但是迟迟没有提结婚这件事。

男友经常加班、应酬客户，Ruby打电话给他，总是在忙，忙到连陪她吃个夜宵都成了奢望。

在男友的创业公司获得风投注资的当晚，Ruby提出了分手。

男友说：你是我遇到最好的女孩，这些年来我穷过，你没有走，为什么现在我终于成功了，你却要离开？

因为已经爱不动了，你眼中最好的女孩，这些年来努力工作赚钱来养活自己和你。

而你呢？控制不住自己的脾气，任性地辞职，用房子首付的钱去创业，输光了回家痛哭，逆境时向对方传递负能量，顺境时忙于工作冷漠相处。

一直没有离开，是因为责任，习惯了照顾一个人，总盼着他能过得好一些。

结婚不是爱情的目的，结婚是为了和这个人共度一生，而她的余生，不想一直这么累。

[4]

有些女强人或许会享受照顾男人的优越感，但是大部分女人不管多么独立能干，仍希望在恋人面前做个不问世事的女孩。

我努力奋斗像漫威电影里的黑寡妇，不是为了来拯救众生的，我只是被生活所迫，才活得像个无敌英雄，可是黑寡妇也需要绿巨人并肩作战！

那些坚强隐忍是用来抵御的铠甲，而我的柔软只愿意给你一个人看到，在你面前我不必逞强不必死撑，那才是爱情的魔法。

如果做你眼中最棒的女孩，代价是像个男人一样冲锋陷阵的话，那么谢谢你，我还是自己过比较轻松。

[5]

好的爱情是互相照顾与宽容，见过彼此最真实的样子，却依然愿意宠爱。

《北京遇上西雅图》这部电影里，文佳佳为什么爱上Frank？

因为：“他也许不会带我去坐游艇、吃法餐，但是他可以每天早上都为我跑几条街去买我爱吃的豆浆、油条。”

恋爱啊，就是一个人走路怕黑，但是有了你，就像有了路灯陪伴。

人生会有灰暗的时刻，我不想自己摸黑赶路，还要哄着你。

[6]

我们一直羡慕电视剧里“势均力敌”的爱情，因为面包我也会挣，但不是光给爱情我就能饱，你起码还要挣只烧鸡改善一下生活啊。

不是我擅长烹饪就要一直下厨，剥蒜你会吗？刨皮你会吗？实在不行你还可以在旁边等着刷锅呀！你一天到晚摊手等吃饭确定合适吗？

不是我爱旅行英文好就应该负责做攻略当翻译，你还可以去百度啊！

是的，我一个人能照顾自己，甚至可以把自己照顾得很好，但是我也期待有个人来呵护，哪怕是嘘寒问暖。

那些在我们换灯泡时抱着手看，在我们淋雨回家时说没空接，在我们生病时说多喝热水的男人，你们觉得自己的做法妥当吗？

人生有很多觉得熬不下去的瞬间，好庆幸我能熬过来。当我独自熬过一切苦难后，也就没有那么想和你在一起了。

苦难也是人生的一种经历

[1]

很多时候我们因为害怕被批评，被指责或者被骂，而不敢去做某些事情。

有时我们的心灵太脆弱了，经不起一些负面的攻击。这个社会很多悲剧都因此而发生。

也正是因为太多的悲剧发生在我们的面前，所以我们总是踌躇不前。

[2]

比如，当你想着说出老板的不对时，你会突然想起上一个顶撞老板离职的同事。

因为我们有前车之鉴，所以我们害怕重蹈覆辙。

这种人因为害怕惹事或者害怕被攻击而产生一种自我保护意识。

这是不强大的表现，鲁迅先生说过："真的猛士，敢于直面惨淡的人生，敢于正视淋漓的鲜血。"

[3]

所有失败，不愉快的经历都是我们的人生财富和与人交流的谈资。

当我们说起一个人的时候，会对这一个人做过的事情进行描述。

从描述的过程中了解这个人的性格，从而得到朋友们的标签。

大学的时候，认识了一个演讲导师。他告诉我，当我们经历的事越多的时候，我们的演讲就能做得越好。

特别是那些糟糕的经历。

我问为什么？

[4]

他告诉我，当我们在演讲的时候，表明我们此刻的状态在当下来说，是正面的或者是励志的。

那么当我们去阐述之前糟糕的经历时，是不是可以让听众有更好的正能量输入。

他们会这样想："他当初这么惨，还能坚持到现在，那我有什么不可能。"

[5]

想要成功常要经历一些困难和挫折。

描述这些事情的时候，听众不认为那是一些无聊的废话，恰恰相反，他们会认为这是演讲的精华所在。

[6]

就好像我当初写文章的时候，其实那会儿很怕发出去。

因为怕有人不喜欢，怕有人批评。

我特别怕被人指指点点，那是我的第一次尝试，我很怕一下子就没有了信心。

可是，后来我慢慢觉得这是一件很可笑的事情。我写文章不就是写给别人看的吗？

如果我不发出去，我就不能得到相应的反馈和意见。

后来我对比了一下得失，勇敢地把自己写的每一篇文章发到各个平台上。

[7]

刚开始，确实有一些批评，但相对来说还算在心理承受范围内。

后来渐渐地，有一些人喜欢看我写的文章。点赞，收藏和评论。

这些给了我足够的勇气继续写下去。

当然现在且不说我的文章写得如何了，至少在我看来，一直都在进步。

因此，当我在跟一些新手交流的时候，我会把自己当初的一些不好的经历告诉他们。

批评和指责，常会让我们得到成长。

这会是人生的财富，够我们吹牛一辈子了。

[8]

我们必须去经历，必须去积累，才能涅槃重生。

所有生活中的困难，都不值得耿耿于怀

或许，我们每个人都有一段不好的日子。在那段不好的日子里，你明明想要努力变好，可是什么也做不好。你想有一份差不多的工作，简单地解决温饱，而现实给你的却是石沉大海的杳无音信；你想在繁华的都市有一间自己的小房子，不用太大向阳就好，而现实给你的却是颠沛流离；甚至你想有一个疼爱你的人，知你冷暖，而现实却是你孤独一人。

除此之外，生活里还时常有一些意料之外的事，让你措手不及。譬如，早高峰时，你怀揣着不到一百块的钱包挤公交，满头大汗地挤完后发现钱包丢了；生病了，去医院排了很长时间的队，到你时，医生说没号了。出门见客户，好不容易找到一身得体的衣服，穿过去时丝袜脱丝了；朋友过生日，你买了个冰激凌蛋糕，兴致勃勃地拎过去时化了；请人吃饭，刷卡时余额显示不足；去看电影，遇见前任一脸春风；加班赶稿的下雨天，一个人回家，打不到车……你不知道自己哪里做错了。

你在那段不好的日子里，一个人，一天天，无比笃定也无比沮丧。你不知道这样不好的日子还要坚持多久，也不知道这样不好的自己何时才能变得优秀，想放弃却又心有不甘，想坚持却又害怕太过艰难。你第一次感到未来遥不可及，梦想太过单薄，而现实又太过汹涌。

很多个夜晚，你昏昏沉沉地睡去，醒来时发现枕头上的圈圈泪渍。然而即便如此，还是要在工作时伪装成战士，俨然一副打鸡血的样子。你看起来好

像很好，没有人知道你一个人深夜哭泣过。是的，没有人知道。你假装得很好，就这样骗过了所有人，连同你自己。无论多么糟糕，你都能一个人笑着面对所有。失恋、失业、生病、被误会、被指责，总之曾一度使你玻璃心的事儿再也不能随便使你伤心。

就这样，你一个人苦中作乐地默默消化了所有，开心的难过的。你说这样容易快乐。你学会了为自己取暖，不再为难自己。太过计较的人，不容易开心。

相信很多人曾有过一段过度难为自己的岁月，什么都想要，想要不劳而获的爱情想要一蹴而就的成功，可现实什么也没给。有时不但什么都没得到，还失去了原本属于自己的那些天真快乐。整个人开始变得不好，敏感、多疑，甚至怀疑整个人生。将所有的不满情绪布施于现实的不公，却忘了自己能够给予现实什么。然而，越是抱怨越是失去。有时候，失去兴许是一件好事，它提醒你该检讨自己的人生了。

再漫长的黑夜，也会等来黎明

[1]

有个核心员工突然离职了，她负责的业务很重要，但一直招不上来合适的人。管理层最后的决定是：先让她原先的下属顶上来，同时寻找更合适的人选；如果没有合适的人选，那么就破格提拔这位下属。

正好我和这位下属关系很好，闲聊的时候提醒她："如果最近有让你顶替原来老大的工作，哪怕工作量大，不给你名分也要接下来，这绝对是一个好机会！"

她将信将疑："真的吗？其实老大已经找我谈过了，再晚一步我就要拒绝她了。"

后来，她从别处打听到了消息，果然管理层的决定是：因为这个职位太难招人了，所以改为内部培养，但她的资历暂时又无法直接被提拔，因此先让她在这个岗位上熟悉一段时间做出些成绩后，再给予相应的位置。

这位同事是极其幸运的，在最需要做决定的时刻，恰巧有局内人提供了可靠的情报，让她明白多出来的工作责任其实是宝贵的机会。但在大多数情况下，我们身边并没有这样的人能及时提供消息，更麻烦的是，机会来时，总是喜欢披着黑暗的外衣——外表看起来毫无诱人之处，充斥着可怕的工作量、棘手的任务和模糊不清的前途，如果贸然前往，就可能落入重复劳动的陷阱，让人不知所措。

后来，这位同事获得晋升后问我：“你当初怎么知道这是一个好机会的？”我给她讲了我的一段亲身经历。

[2]

我曾跟过一个女强人老板，她说过这样一段话：“如果你们想升职，就要用更高职位的职责和工作来要求自己。你是经理，就要先做出高级经理的业绩；你是经理助理，就要先做出经理的工作成绩，然后你们才有资格找我谈升职加薪。”

大家听罢面面相觑，私下里议论：这老板真是太会当了，不给我们升职还想让我们主动给自己加活。

那次训话后，只有一个同事走了心，按照更高的标准工作。大半年后，果然率先被升职。

当时这件事对我触动很大，也令我非常疑惑。从结果来看，女强人并未食言，因为按照更高标准工作的人的确是被第一个提拔了；可另一方面，考察的周期也太长了，拼死拼活地干了大半年才升，很难讲最后的结果究竟是因为过了观察期，还是给了个安慰奖。

我在生活、工作中不断地遭遇着类似的难题：该怎么判断这是披着黑暗外衣的机会，还是单纯重复性劳动的叠加呢？拒绝它，我担心和机会失之交臂；接受它，我又会担心付出没有相应的回报。

在无数次碰壁后，我找到了问题的答案：如果你想做出正确的选择，那么自己心里要提前准备好一把标尺，而这个标尺，就是你为现在的努力所预设的目标。

假如你的目标是从一位平面设计师转化为成功的交互设计师，那么你就需要在平时不断测算距离这个目标还有多远，通过衡量你还欠缺哪些技能、知识、项目经验，来打磨内心那把标尺。这样，当你的领导告诉你“有人离职、需要你承担更多责任”时，你就能很容易地判断这到底是你要抓住的机会，还是只是付出额外的劳动力。

[3]

我们都希望自己能有更多机会，但常有人抱怨“为什么某某那么幸运，我就没有这种机会”。这是因为，机会很少会以我们所设想的方式降临。

它不会打扮得漂亮体面，金光闪闪地邀约：“快来尝试，人生从此就会不同！”现实生活中，这样出现在我们面前的反倒多是一些陷阱。真正的机会往往会以灰头土脸的形象出现，混杂着各种你并不想要的东西，打包售卖：它有你想学习的技能，却也有让人烦心的“杂活儿”；它有诱人的岗位，薪水却很低……多种多样的组合之下，你只有揣着内心那把标尺，才知道该如何选择，又该如何自信地去坚持。

心怀目标的人会明白，成功就在树上，等那层黑衣褪去，果实就会慢慢成熟，只是还需要一些时间的沉淀。他们也不会枉自哀叹，为何多产的总是别人的岁月？

那些吃过的苦，少一个都不会有大惊喜

有些力量足以支撑我们，踏平一切坎坷，正如吴亦凡所说："那些苦要少吃一个，就没今天的我。"

[1]

有人问了一个问题："如果能够回到10年前，有什么你后悔的事情想去改变？"

有人回答："会告诉胡歌，2006年8月29日晚上一定不要坐上那辆车回上海。"

有人回答："先去清华学两年电脑，再去蓝翔学两年挖掘机，最后去新东方学两年厨师。这样就拥有三个泡妹子的技能，也不至于单身到现在。"

也有人回答："你的未来拿不出手，谁会听你凄惨的过去。"

很多人会抱怨，为什么生活没有变成自己喜欢的样子，为什么老天总是不公平，为什么理想很丰满，现实总是很骨感？我们总是有做不完的工作，吐不完的怨气。

可事实上，年轻多么好，我们可以为了看一部电影整夜不睡，为了心爱的人辗转反侧，可以笑得很傻很天真。我们会在字条上写下我们的小心愿，尽管现在可能已经想不起来。我们总是可以有各种各样的梦想。

或许，时间的神奇之处就在于，我们沿途所为之付出的辛苦都会在终点为我们绽放。

[2]

万万做什么都很有范儿。那种范儿是别人无法轻易模仿的。

万万在多年前还有个外号叫“肥肥”，他就像是一个长大版的小胖，他就像是多啦A梦中的那个叮当猫。

万万虽然胖，但是穿衣服很有范儿，尽管有大肚子，但是他会把服装搭配得特别好。

3年前，万万去了铁路单位上班。所有人都羡慕那一份稳定的工作，但是万万觉得太枯燥了。他觉得那不是他想要的，于是万万不顾家人反对，果断地辞了职。

辞职后的万万去了一家旅行社。当时，他的薪资是旅行社里最低的。可是，从他打算从事这个行业起，不管是在烈日下面跑在外面拉业务，还是跟在导游身后跑东跑西，他都从没有一句怨言。所幸他人缘极好，有一大帮朋友，去旅行社工作的时候，也得到了很多朋友的支持，再加上他乐天派的性格，他在旅行社的表现很快就得到了大老板的认可。

如今，万万开了一家自己的小旅行社，生活一步一步按他所想的那样去发展。

这世界充满挑战的事情太多。当你在做一件事情时，总有些其他的干扰，但是在年轻的时候，有无限种尝试的可能。

我看过一个姑娘的故事，她只有25岁，却用插画登上了福布斯排行榜。在她的成长环境里，律师、医生这样的职业才是社会主流价值观里最有前途、多金的职业，画画是“不务正业”，或者是“青少年的梦想，不切实际”。

但是童年学画画的经历，启发了她的想象力。从那以后，小学、中学美术课作业就成了她最期待做的事情。后来她去了美国，由于是留学生，毕业后一年不能将学生签证变成工卡就必须离开美国。这样的生活压力让她走出舒适区，不沉迷于享受，刚一毕业，她就从零开始。

面对纽约高昂的房租和生活费用，她只能租着远郊的房子，吃快餐，省吃俭用来创作和推销自己。

她说：“那一年我印了600张圣诞卡，在每张卡的背后都亲手写上了自我介绍和作品的网页。”

最终，她的作品得到了的认可，她用自己的勤奋和执着在不断前行，努力以自己的风格定义这个时代。

[3]

和瑞泽从10岁开始学习民乐，我记得他刚开始学的时候，看着乐谱，用笛子吹一首曲子，就像是一个结巴的人说了一段绕口令一样。这些年，他一直坚持没有放弃。如今18岁的他，可以自如地在舞台上演奏出好听的曲子。他成长为一个阳光大男孩。如今他努力去准备中央戏剧学院的考试。我突然觉得时间就像魔法师，会把我们雕塑成更清晰的自己。

在能吃苦的年纪，不要选择安逸，梦想不会在我们睡一觉醒来就会实现。生命的神奇之处就在于：在吃过很多苦，经历过很多煎熬之后，你所积蓄的能量像阳光一样，照亮你前行的路，让你和真正的那个你相逢。

未来会在某个不经意的瞬间，对你的付出给予奖励，也会给你更多坚持下去的勇气。

没有曾经的那些痛苦，哪来你如今的强大自如

如今，所有的职场人都在谈成功、谈创业…大家谈得这么热闹，以至于我们以为每个人都可以一骑绝尘冲向梦想的终点，却忘了被困住、被否定、被轻视本也是职场的常态。

其实你更应该感谢职场上曾经的那些“痛苦”，因为今天让你难过的那些事情，总有一天，会让你变得更强大。

最近和朋友聊天，聊到现在的“90后”职场新人，有个姑娘感叹说：现在对年轻的小朋友们都得捧着哄着，他们稍微不高兴就可能不干了，哪像我们刚工作时，那么有耐心。

感触很多。

[1]

前阵子看了篇文章《22岁你不知道的，现在知道也不晚》，大意是你想对22岁时的自己说句什么话之类的。如果让我说，我最想说一句话：

亲爱的，再坚持一下就好了。

她是我到调研公司之后的第一个老板，没面试过我，上班后我第一次见到她，她跟我说的第一句话是：“我本来不想要你，A先生（她的老板）坚持

说他觉得你不错，要你来我这，那你就好好干吧。”

我被这个开场白惊呆了，晕头转向地开始了新的工作。每天她跟我说话，要么是不屑地说：“你连这都不知道？”要么就是生气大喊：“我都跟你说过多少遍了！”

我很怕她，可是作为一个新人，真的是什么都不懂，就算明知会被骂也只能硬着头皮事事向她请教。她心情好的时候会教我，有时候会不耐烦地把我支走。

有一次我正在和同事聊天，远远地看见她走过，我就赶紧溜了。同事说：你一看到她吓得脸都白了，简直就是老鼠见到猫啊。

三个月试用期满，她找我谈话：本来我觉得你不能胜任这个工作，不应该留下来，但是A先生让我再给你一次机会，如果一个月之内你没有明显进步，就准备走人吧。

我呆呆地看着她，不知如何是好，也不知该怎样好好表现。那时我刚刚搬家到公司附近，行李都还没收拾好。我一边收拾一边伤感地想：没准过几天又要搬家了。

快到一个月的期限，我等着最后的审判时，她离职了。我听说这个消息的时候，又惊讶又庆幸。

我一直都没搞明白到底是什么原因让她那么讨厌我，或许是因为我不是她亲自招进去的，或许是我那时候真的很笨拙，我总是跟不上她的节奏，反应常常慢半拍。

几年后我们又见面了，她成了我的客户，我负责她公司的一个项目。见面时我跟她打招呼，她笑笑。开完我主持的座谈会之后，她说：你的变化好大，漂亮了，刚才我都没认出你来。

我也知道我变了，不再是那个唯唯诺诺担惊受怕的小女孩。而我的变化，有多半得益于另一个脾气比她更火爆的老板。

前面那个老板走了之后，我几经周折换到了C姐姐的团队。

C姐姐有多爆呢，她曾经把一个大男生骂得当众哭起来，她还特别不解地说：我都没说什么，你哭什么？

她把整个团队的人一一骂走，只剩下我，同事都等着看我什么时候会离开她，但是我一直跟着她直到我去读书她去创业。我们差不多前后脚离开公司。

她成了我的职场榜样，我们也成了非常好的朋友，到现在还会时不时见面吃饭。我为什么这么喜欢她，后面会再说。

[2]

说完老板，再来说说客户。不是有那么句话吗：客户虐我千百遍，我待客户如初恋。

在大学毕业后的第一家公司，我就被各种未曾谋面的潜在客户拒绝打击了个遍。有段时间我被调到销售部，做电话销售，卖行业报告。

那时候老板比较喜欢另一个同事，就把热线和有需求的所有客户名单给他，我和另外两个小伙伴负责其他各种渠道搜集来的名单。做过电话销售的人应该都知道，这之间的差别有多大。

我每天打几十个电话，有一半听我说了个开头就把电话挂了，有一些很生气叫我不要骚扰他们，也有一些态度比较温和地听我说完然后说没有需求。

第一个月我没有成一单，第二个月卖了几个零星的数据大概就几千块钱吧。开季度会的时候，我坐在角落里抬不起头，销售的工作就是这么直接，没人在乎你付出多少努力，最后的数字就决定了你在公司的处境。

有一次我和一个小伙伴去一个展会，想要收集名片。我们拿着一摞名片挨个跟人换，有些人一眼看出我们的目的，找个借口就不给我们。中午我俩端着盒饭坐在会展中心旁边的台阶上吃，她说：刚才那个人，明明手上还有名片，故意说发完了不给我们。我说：以后不管谁要跟我换名片，我都会给他的。

被拒绝和否定得太多，我的心情也常常陷入抑郁。前阵子和一个保险公司的总监聊天，她说卖保险的外勤人员很容易被拒绝，心里受到打击，公司就会采用很多温暖的方式去帮他们建立自尊和勇气。

我想起来自己做销售的那几个月，也是被拒绝无数，但是没有人指导、没有人培训，更没有心理安慰，我帮助自己的唯一方式就是下班后去人大的自习室看书、去英语角跟着一个退休英语教授开设的免费课练习英语，我始终相信妈妈说的：只要好好学习，就会有更好的前途。

那时候虽然已经萌生去意，可是我总不甘心留下一个不达标的业绩离开，于是我更加认真地记录和分析每一个电话，改善自己跟客户交流的技巧。

看过一篇文章，说有个房产中介在电脑上贴了一句话：我打的不是电话，是梦想。我的心被猛地触动了一下，在我打那么多电话的时候，我还没有想到梦想这么大的东西，我只是对自己说：我打的不是电话，是争口气。后来我终于做成了大一些的单子。

[3]

后来我如愿进了家外企，开始面对各种各样的客户。有次和一个在广告公司干过几年的姑娘吃饭，聊起作为乙方曾经碰到的奇葩客户，讲起那些故事都笑翻了。

然后我讲我服务过最长时间的一家客户，那两个联系人都把我们折磨得够呛。

印象最深的是我生第一个孩子时，手机静音了。孩子出生后我准备给家人打电话，拿起一看有几个未接来电，都来自一个客户。

我给他回过去，他一接通就喊起来：你们怎么回事啊！你们的人怎么全都找不到了！赶快把XX材料发给我！

我一听这都是结了好久的一个项目了，项目材料得让人去找，就告诉他我在休假，稍后请同事帮忙找到后发给他。

他又喊起来：你在干什么？我的东西现在就要，你有什么事情会比这个还重要？

我说：我在产房生孩子。

他愣了三秒钟，把电话挂断了。

说完我就大笑起来：那哥们一定惊呆了，哈哈。跟我聊天那姑娘默默地看了我一眼，说：好吧，你这个故事赢了。

[4]

然后就又说到我的那个老板C姐姐了。有次帮客户做一个新产品开发的项目，要开发适合三四线城市的手机型号。C姐姐说：如果我们坐在北京，不去跟目标用户当面交流，怎么能体会到他们真正的需求是什么呢？

于是我俩跑到了一个四线城市，逛遍了各大手机卖场，假装成顾客跟店铺卖家聊天，我们还去消费者家里做入户访问，观察居民的生活习惯和用手机的场景。

有一个被访者做到一半不耐烦了，找了个借口说：我要带孩子出去玩了，不然他该闹了。

C姐姐马上说：我来帮您带孩子吧，请您继续接受采访。

然后就忙前忙后地帮人家做这个做那个。

我当时很受触动：她一个来自国外的富家女，顶着总监的头衔，在工作中为了追求更好的效果，从来都不介意去做最基础琐碎的事。

她真的是一个特别“吹毛求疵”的人，对于我每一次项目管理、每一份分析报告、每一场主持或演讲，她都会让我不停改，跟我抠每一个细节。有几次我被她逼得快要崩溃，差点跟她翻脸。可是冷静下来想想，她并不是针对我，她对自己更狠，算了，我忍了。

如今回头再看，我想说：如果你曾经碰到过追求完美又脾气火爆的老板，即使你曾对他心生埋怨，或许有一天，你会感激他。

[5]

如果说我这些年最大收获，大概就是脸皮越来越“厚”。

我以前也不这样。在家里被父母宠着，在学校成绩总是第一、第二，被老师宠着，在伙伴与家长的眼里我是传说中的“别人家的孩子”，到哪都受欢迎。青春剧里总有那么一个女生，考第一名，穿着白裙抱着书旁若无人地走过一群仰慕她的男生。

我曾经也有那样的时刻啊。

可是工作后，我发现：居然让我做这么无趣的工作？居然没人哄着我捧着我了？我的一颗玻璃心碎成了满地的玻璃碴。

我蹲在那等着看有没有人来安慰我，却发现并没有人在关注我，于是只好自己捡起碎了的心揉一揉塞回去。久而久之，再也不浪费时间去顾影自怜了。

很多痛苦的根源，就是太把自己当回事了。众生芸芸，谁该围绕谁呢？

有个朋友的朋友写过一首诗，我只记得其中的一句：我像一只蚂蚁，爬过中关村的额头。有意思，不过我比较喜欢麻雀，让我模仿一下我就说：我像一只麻雀，蹦跶在白家庄的眉梢。

麻雀不需要谁的赞赏，也可以自己蹦跶得很欢。我依然喜欢安静的独处胜过无谓的社交，依然会反应慢半拍，常常领会不到别人的玩笑还很认真地问：真的吗？依然做不到跟人自来熟，也没有多少朋友。

不过我不再去反复地思考：刚才我说的话得体吗？会给他留下好印象吗？他会不会不喜欢我？

我会问自己的是：我有没有在工作上做出足够的贡献，对得起我得到的薪水和机会？我就是不外向不机智不善辩，你喜欢我很好，不喜欢我也所谓，但我会用自己的方式和节奏来创造价值。

而且，我也想努力做个善良的人。善良可以是参加公益慈善活动帮助别人；善良是不伤害别人。

比如说，在职场晚辈迷茫不适应的时候多给他们一些耐心；比如说，跟供应商沟通的时候多给他们一些尊重和体谅；比如说，接到卖房卖保险的销售电话时即使没需要也客气地说话。

真正的纯真，是你看遍冷眼之后依然对世界充满善意；真正的乐观，是你历经迷失与低谷后依然相信这就是最好的安排。

用勤奋和努力撑过你的人生低谷

十年前，我毕业时犯了个错误，没拿到“985”大学的学位证，毕业证也没发，就给了个肄业证。我去一家公司应聘，成为销售，非常努力，每天早上提着两台沉重无比的设备出去推销，但因为应聘时隐瞒了自己没有学位证的事实，加上刚进入社会缺乏经验，到了那年的年底，被那家公司开除了。

回来的路曲曲折折，我瘫在四处漏风的公交车上一个多小时才到了家，心如死灰，觉得自己一无是处。

即使是十年前，北京的房租也很贵，那时候因为穷，租的房间连窗户都没有，冬冷夏热是标配。

那天大雪连天，早上我穿个趿拉板儿，去扔垃圾，鼻子一酸，像个娘们一样在路边嘤嘤哭起来了，惹得周围的路人停下来看着我。

这一场哭的工夫，我想了很多事，想了很多狠话，发了很多毒誓。不过现实依然很残酷，我在那个小黑屋里整整住了三个月才找到工作，那份工作找的是真难啊，我后来挨个给公司前台打电话，要求见人力资源部给个面试的机会。后来好不容易找到了一家公司有意向招聘我，但因为我没学位，前前后后耗了两个月，最后是我反复给部门经理打电话请求给我一次机会，他们才决定录用我。

对那时的我，这真是一根救命稻草，因为此前人生之路无比顺畅，自己从未步入绝境，而毕业就折腾那一下，感觉十几年的努力付之东流了。

我一下子变成了那个公司最勤奋的人，那时候公司九点上班，我每天早上八点到公司，八点半开始准时打第一个电话，因为那时候我负责的是铁路系统销售，我发现客户在八点半到九点间接电话最轻松；我经常最后一个离开公司，因为要给西藏和新疆的客户打电话，他们和我们有两个小时时差，我得趁着下班那股子轻松劲碰碰运气，看看他们要不要买设备。

可我的天赋依然很差，那时的我啊，连和人唠家常的天分都没有，刚入职时刚好赶上了部门搬家，我和一个一起入职的女孩分到了部门经理的车上，一路上人俩人儿有说有笑，而我一句话都没有说——我不知道该怎么插话，也不敢说，怕说错话人家讨厌我。我那时候真羡慕和嫉妒那个女孩，觉得唠家常是天赋，她有我没有。

试用期过得很艰险，其他入职的人都顺利通过了，对我的考核是介绍产品，我头一天把介绍产品的方案写了一遍然后背得滚瓜烂熟，到讲的时候一句完整的话都说不出来，部门经理纳闷地看着部门副总，意思是：要不要他？

留下我的是部门副总，他欣赏我的勤奋。时至今日我们依然是好朋友，他对我有知遇之恩，我见他都叫师父。和部门女经理也有联系，每年我都会给她专门发祝贺短信，她也会认认真真回我一条，不过我们未再见过面。

在那家公司真正遇到转折的是两件事，第一件事是我在打扫卫生时发现了之前离职人员的所有销售的笔记，那个时候还不太流行电脑记东西，这些前辈们把他们长久以来的工作都记在了本上，因为是没有业绩的失败者，所以部门也没什么人上心整理他们的客户。我把上面所有的内容都整理在电脑上，有记录电话的就直接打电话，没有电话有公司名的查114或者互联网又重新找了出来，两个礼拜就把所有内容整理完了。这样我手里抓了一大批客户，后来“发光发热”的也是这批客户。

第二件事是一个古怪的客户。他性格很急躁，有点怪，我每次给他打电话，想和他聊几句天，问问他有没有买设备的需求，他都会非常粗暴地打断我，告诉我没有需求，要买的时候再联系。坚持一个礼拜给所有客户打电话，周而复始，我打他挂，直到半年以后，一个周五的下午，他给我打了个电话：我要买设备，明天你来××（某省省会）吧。我一头雾水，正要问，无奈他又把电话挂了，我只好硬着头皮买了去那个城市的火车票，临走前我记得他家老爷子是山东人，喜欢吃酱菜，我就去六必居买了一大包各式各样的酱菜给他带了过去。到了我才知道，那老大哥对他领导的态度比对我粗鲁一百倍，细节不表，只说他最后几乎是扛住了全处领导的反对和我签了合同。

回去的火车上我还有点蒙，因为那是我的第一单，六十七万一千五。

是的，虽然我第一个单花了半年多时间，后面我的合同越做越大，到那年年底，我已经带着同时入职的几个人一起干活了。

这以后又是各种各样的风风雨雨，简单总结就是：我大概花了五年时间苦苦追赶，终于有所成就。

您可能以为我完成了逆袭，事实上我也是这么想的，我觉得这十年吃了这么多的苦，一直努力追赶，现在终于得偿所愿，可以开开心心快快乐乐地规划自己工作的第二个十年，享受人生。

谁知命运又一次和我开了玩笑，这一次，把我拽到了人生谷底。

我两岁的儿子被确诊为一种罕见的神经性疾病，需要终身干预，而且无药可治。

不过这一次我变得更加强大，多年来的经历告诉我，当任何一件坏事发生时，我需要把积极的那一面找出来。

我决定为做些什么，我约了几个挚交，邀请了国内外的一些专家，开了一家公司，期望帮助和我一样苦难的家长们。大家的痛，感同身受，我好像一下子又回到了起点，回到了十年前的那种工作状态，把自己填进去，找团队，找投资，用我的勤奋和思考解决我那些不熟悉的问题，全力以赴。

想起读《基度山伯爵》时，自己非常喜欢最后那句话：世界上本没有快乐与痛苦，只有一种状态与另一种状态的比较。经历过这么多事，我强烈地感到，人生幸福与否，其实并不取决于生活怎么对待我们，而是源于我们对待生活的态度。不幸福的人，无论怎样幸运，生活依然不幸，而幸福的人，只会靠勤奋和努力把握自己的命运。

期望新公司一切顺利，期望能帮助那些和我有一样经历的朋友，也期望小家伙一切安好，尤其是吃好睡好。

别傻了，那些成功才不是来自幸运

[1]

2016年春节期间，电影《美人鱼》火得不行，里面的女主角——林允，自然受到了来自四面八方的关注。

大家都很羡慕，一个如此平凡的女孩，可以一出道就担任如此大制作电影的女主角，而且她随后还相继被徐克和郭敬明看中，她为什么如此幸运呢？

一夜成名，仿佛是被上天选中的安琪儿，多少人都羡慕不已。起初，我和大家一样，对这个幸运儿充满羡慕，直到后来看到了她的采访报道，才明白了事实的真相。

记者问她：18岁就当选为“星女郎”，一夜成名如此幸运，让人羡慕不已，你对此有什么想法？

按照普通的套路，一般人都会说“偶然陪朋友来参加海选，真的没想到能被选中，确实很幸运，感谢感恩”等等之类的话。

但是，她没有这么说，她回答：“别人越羡慕，我付出就越多，你有多羡慕我，我就付出了多少。”

你们爱听哪一个版本？是一夜实现“天才梦”的传奇，还是日复一日努力的故事？林允说了实话，对于一个家境普通、毫无背景、小城市来的女孩，她拥有的一切不是天赐的，是她努力得到的。

你以为的所谓幸运，不过是另一个人用心的结果。

[2]

有一个保安给我的印象特别深。

他是我们这个小区的保安，保定人，二十几岁，个子不高，白白胖胖的，话不多，见到人，只是羞涩地一笑。我们都叫他小王。

小王整天把一部智能手机抱在手里，不是和谁煲电话粥，不玩游戏、不看电影，而是一天到晚听音乐，还喜欢单曲循环，一首歌，昨天听，今天听，明天还听。

小区里不知道他名字的人，有时候提起他，会说“那个喜欢听歌的小伙子”。年轻人嘛，喜欢音乐也很正常。

很多次，我从小区门口走过，看见小王坐在保安室里，有时候拿着笔在写着什么，有时候托着腮一副拼命思考状，有时候索性抱着一个笔记本发呆。别的保安没事儿时就会聚在一起闲聊，却一次也没看到他的身影。

有一次我忍不住问他：“你每天在写些什么呀？”

他有些不好意思地挠挠头，说：“写歌词。”

我略吃了一惊，继而又开始为他忧心，写歌词，除了自娱自乐，还能有什么收获呢？

小王似乎看出了我的疑虑，有些激动地说：“总有一天，人们会熟悉我写的歌！”

后来，混得熟了，慢慢了解到，小王经常把他写的歌词放到网上，也参加过大赛，还把歌词寄给音乐公司。

对于他的这些举动，我始终心存担忧，一个小保安，会获得成功吗？

没想到，成功真的接二连三地来了，小王的歌词，先是参赛获了奖；然后，有人谱曲在电视上演唱，小王居然有了一点点名气，开始有人找他写歌词，并开出了不菲的价格。

我从来没有想到，业余时间写写歌词，也能改变一个人的命运。

当这件事情被更多人知道后，很多人都说这个保安太幸运了，但我知道，小王的成功不是偶然，生活中的每一天，他都在为成功用心做着准备。

[3]

一些人常常羡慕别人的成功，特别是和自己条件差不多的人，比如同事、同学等。“他仅仅是幸运而已……”“我比他更努力啊，上天真是不公平！”“凭什么是他啊……”

我也经常遇到一些很优秀的人，但我从来不认为谁的成功是偶然得来的。当然，这些所谓的偶然因素不能说没有，但并不是决定性的因素，更不可能是全部。

至少我没见过不劳而获的成功。你所以为的幸运，只不过是另一个人用心的结果。

天上不会掉馅饼。你用心的每一天，其实都是在为成功做准备。而你虚度的每一天，却会让你离成功越来越远。

没有观众，也要自己鼓掌

[1]

我有一个前同事白羽。这是一个名副其实的宅女，平时最喜欢看韩国的浪漫爱情剧和日本的动漫，对《犬夜叉》非常熟悉，对明星了如指掌。

她最大的梦想就是在单位里面一直安安稳稳工作下去。于是我们开玩笑跟她说，最好赶紧找一个本地人在一起，就能长长久久待在这个城市了，而且还不用太辛苦自己买房。

在早些年，让一个女孩子独立买房，还真是一件压力巨大的事情。且不说每个月还房贷就很可怕，拿到工资了再也不能买好看的衣服，不能轻轻松松生活，不能自由自在逛街了。而且，她的家人也催促她，还不如回到老家的小县城，轻而易举就能住上大房子。再相亲结婚，男方一般要买车，会更加惬意。

可是她读了大学，在上海工作过，又回到武汉工作，觉得已经适应了这样的城市生活。

她一直犹豫，后来听从我们的意见，开始尝试着接触一个城市里的男孩。

她谈了一个体育学院的老师，我们这些旁观者，持保留意见，因为她性格这么柔弱，遇到那种力气大，却不解风情的男人，恐怕观念很难统一。

这段感情，以无疾而终收场。那个老师相当势利，在清楚了她的收入状况，加上没有本市户口后，就闪人了。

白羽有些难过，埋头工作大半年，决定在假期出门散心。

机缘巧合，有一次她在旅行的时候，认识了一个摄影师。跟这个摄影师恋爱了。这个摄影师是电影电视剧圈的。两个人对喜欢的影视剧，相谈甚欢，一拍即合。

白羽很开心。

很快她又面临人生大问题。摄影师长年累月跟着剧组跑，主要的工作地点是北京，但他不是北京人，也买不起北京的房子。

怎么办？要不要嫁啊？

[2]

在谈婚论嫁之前，当然是见家长。摄影师带着她，坐了十几个小时的火车，然后再转皮卡车。来到了内蒙古的大草原。蓝蓝的天空雪白的云朵。

白羽人生中第一次骑上了高大的骏马。戴着宽边的大帽子，围绕着帐篷毡房，体会了一把游牧民族的生活。摄影师的父母家人，带着少数民族的热情诚恳。

就在那一刻，她觉得可以和这个男人一起走进家庭生活。

她一直很害怕也很抗拒考虑未来，也不想再漂泊在大城市。没想到，因为爱上这个摄影师，忽然有了勇气。

她辞掉了武汉的工作，在北京找了一份新的工作。

她和摄影师男友租了房子，结婚了。

白羽在武汉的单位，在上班的时候连QQ都不允许用。去了北京之后，她跳槽到了一家文化公司。

她在大学本科的专业是英语。她的新工作是总监助理，对接外国翻译作品，充分运用上了自己的所学专业。她很开心。

如果一直留在原来那家单位，她的爱情很可能无疾而终，而且只会继续做着不喜欢的事情。

到了北京以后，的确和预料的一样。北京的生活要面对高昂的房租，到处都是天价房子。能够买得起城郊楼盘，已经非常不容易了。

大家劝她，反正很多人都北漂，一直租房。或者在北京多赚点钱，回到家乡买房。白羽却不再害怕房贷什么的了。哪怕北京房价是武汉的好几倍。

人生总要为自己争取。

所以，白羽留在北京快五年的时候，下定了决心，她说服老公，一起坚定斗志，在通州买下了一套两居室。

[3]

以前上班当同事的时候，她数学不好，连报销都觉得头疼。她只知道埋头做事，周末煲鲫鱼汤，看看超市的各色菜。

从买房子开始，她陷入了痛苦纠结。收房交房，拖延违约，她都遇到了。

她找我求教，我用我过去买房的经验，还有些法律知识，给她解释。

文艺女青年的她，把我说的内容，都记下来，耐心琢磨，搞清楚了状况。

最后拿了钥匙，存好了装修钱，开始打造自己的家。

她的微信状态，隔几天更新一次。

“今天订好窗帘，定做了若干寝具，明天再跑一趟送过去。不管有多慢，即使一次只能做一点点，几个月后，也会弄完了。”

“我不怕慢，不怕上当受骗买教训；我怕不动，怕不做；我怕看不上做小事，只想一次做出大事一鸣惊人，我怕这样只是眼高手低。”

“我不怕维权，不怕丢脸，我不怕奔波一天还有别的烦恼，我不怕明天继续早起晚归。我都不怕。我只怕自己被不知不觉消磨殆尽。”

看着她的状态，我忽然觉得有点感动，以前的那个柔弱无主见的同事，为了生活，强大起来。

她学会了为自己鼓掌，已经不再是过去那个迷茫胆怯的年轻女孩了。

[4]

回武汉，我们几个老同事重聚，在一家西餐厅吃饭。

她说她喜欢现在的公司，把所有的产品都做得很精致，再累再费心，也觉得有价值。

真的，不管在什么地方工作，都会累。但我们希望累得有价值。她工作的项目是《纽约时报》评价好书的中文版。她格外负责，细细做好每一步，很快进入了排行榜。

在商场里看见作品的漂亮海报时，她觉得无比开心。

新年，看见她发在朋友圈的消息，她是这样写的：“在新家住的第一个早晨，第一个傍晚。昨晚睡得很香，今晚继续。今天开伙，做了排骨海带汤，很美味。”

配图是一棵刚刚开花的植物，姹紫嫣红的，满是春天的气息。

过往的一切辗转反侧和畏惧，都淡出。

我想，从这一刻开始，她进入了人生的另一个阶段，那是属于她自己的全新未来。她曾经以为自己会成为一个可怜的大龄剩女，在公司里低声下气。然而，她鼓足勇气，走了出去，还拥有了自己的家。

这个世界，加倍赏给她生活的美好。

不曾纷乱的成长，不足以谈人生

[谁的生活不是一地鸡毛]

数日前的早晨，我去车站送别将要回家的家人，因为没有提前订票的缘故，我排了半个小时的长队才买到了回家的车票，再三和他们交代了许多，看到家人随着拥挤的人群熙熙攘攘地过了安检，我才放心地去挤着地铁回到学校。

分别前我哥略带抱歉地问我："这几天，是不是也耽误你的事了？"

我回答："没事儿，没事儿。"他便没有再问下去了。

当我站在依旧也是人头攒动的地铁上我止不住地想，这两三天来我而立之年的哥哥和已经年过半百的父亲从家乡一路追债到这里，跨过了几个省，走过那么多路，费了那么多心思，连躲债的人都没有寻到，一切无果。这些止不住地让我叹息不断。

数日前的一个突然打来的电话打乱了我的安排。原本被各种事情都填得满满当当的周末被家里来的电话全然打乱。

继而的两三天里，我带着人生地不熟的家人，凭着一个百度地图，看着而立之年的哥哥操着一口蹩脚的普通话一次次向人打听着躲债人的消息。

原本我以为在这个不陌生却也不熟悉的城市，我能尽己所能地发挥自己的作用，却不知最后仍旧一无所获。

几日来，几个人前前后后走在这个人生地不熟的城市，抬头看着吃不惯当地饭辣得满头是汗的父亲，内心不由地想，奈何这一地鸡毛的生活。

奔波了两三日，每日数万步，从市区到远郊区任何出现过躲债人的地方都寻了个遍，不止一次被人用异样的眼光打量，却也没个收获，晚上坐在酒店的床上我两腿酸痛不已，我更不敢想年过半百的父亲会是如何？

知道终是无果的家人决议再寻了数十日后回家，茫茫大海捞针，怎一个难字了得。也许他们也早已经做好了打算，所以并无多言，只是哥哥一句“徒劳无功”，让我又一次目光长久地停留在了他的身上，情绪又上心头，却也无法言语，不敢也不知如何言语。

原本期待生活能做羽翼，最好这羽翼丰盈地生长，长成后在阳光下闪闪发亮，风一飘，便掠过河溪和湖泊。渐渐发觉生活若是鸡毛掸子也好，至少不曾凌乱，不会杂乱无章。

[其实在这一地鸡毛的背后，我们在不动声色地成长]

当我一声声叹息，叹尽后又能如何？当生活已然杂乱无章我该怎样？显然，所有的答案都在时间里。我经过的所有都在告诉着我，眼前所凌乱的无非就是一些生活的表象，或久，或更久，一切是会安好。

一年前，我最好的朋友对我讲他有一个梦想，他要骑行，过山过河到他以为的远方，西藏。

他铁了心去，我也倾囊相助。兼职一份接着一份，到了最后也算是凑够了预算。

预定的日子到了，他启程上路。我的朋友圈里多了些他游走各地留下的照片，一开始非议他的人也心生了更多羡慕，可只有他知道那一路走过去的颇多不顺利，天灾也好，人为也罢，个中滋味自己全然知道。

几十天后他从西藏回来。他早已盘算好了，往后不知多久的日子里自己要以泡面为食，并欣然接受这一现实。

一个人的心态往往决定了一个人的状态，抱怨是解决不了任何问题的，只是徒增烦恼。他深谙此理，所以他不会坐以待毙。重操旧业，兼职又成了他的常事。

若是去做了，自然不一样。

除去上课他多是把时间放在自己的兴趣上，他喜欢手工艺品就去学着做，材料、学费都需要钱，上一段旅行留下的缺口他仍在修修补补，赚来的钱一来补上次的缺口，二来就为兴趣爱好提供支撑。

他几乎不曾于父母面前说起这些而给他们添加压力，报喜不报忧大概是所有长大了的孩子的共同点。天渐渐变凉，拿到酬薪的他正盘算着给妈妈寄去一条围巾。

我知道于父母而言，这样的孩子已然长成他们当初期望他长成的模样。

于嘈杂处、于满是纷乱的生活里，一些人在成长。

[或许在复杂的生活里，我们都是在比谁的快乐更多]

怕是太多人每天谈及着生活，太多疲惫，太多不堪。

我想着风尘仆仆的哥哥与父亲，又看看蓬头垢面的自己，不由得对自己说，算了，和谁较劲不都是和自己较劲吗？

威廉·特雷弗说，你如何回忆往事，说明你是怎样一个人。

而你铭记着什么，生活就给予你什么。在复杂又简单的生活里，我们不就是在比谁的快乐多吗？

所以当我洗去一身的疲惫倚在床头的台灯下翻阅书籍的某一章节时，我的幸福很多。

所以当我挤在公交车或是地铁上听到温馨的广播时，我觉得这世界没有什么不美好。

总是把不堪联系上生活的人，永远不会认真区别公园里那片草地在六月和九月会有什么细微的变化。

物欲依附着生活并摆脱不掉的人，不会知道常翻起一本书，而字里行间还会有一个自己。

我喜欢一句话：成长是一笔交易，我们都是用朴素的童真与未经人事的洁白交换长大的勇气。

在电视剧《一地鸡毛》的最后，陈道明饰演的小林，在自己的幻影里看到一个在生活里挣扎的自己，一个幸福平淡，一个苟且度日，这是他能看到的自己，于无声处成长，却也只有自己，才能决定自己终长成什么模样。

似乎没有谁的生活不曾是一地鸡毛，可除了自己，也没有谁能让这一地鸡毛变成羽翼。像电影里阿甘身旁的羽毛那样，它划过处有微风飘荡，却有始终如一的模样。

别太苛刻了，你才第一次呢

[1]

过去看过一本挺火的小说叫《锦绣未央》，讲了女主皇后李未央的人生。因为心善最后被各种利用，被“心爱”的人残害致死。

网络小说的老梗，然后女主重生了，这一世她开始疯狂报复，利用前生的记忆和磨炼出来的一身经验，指哪打哪，得到了前世没有的爱，开始幸福人生。

这部书在当时非常火爆，火爆的原因大概就是每个读者心中的那点遗憾，多希望自己的人生“开挂”，多希望自己的人生也能每一步都恰到好处，从来不浪费时间，永远高高在上没有任何失误。

最近收到的读者来信，多半是自己走了很多弯路，觉得浪费了很多时间，或是怕自己走弯路，怕自己选择错了，所以站在原地停滞不前不知道该怎么办。

人总是希望自己一步到位，少受些苦难，却忘了我们自己也是第一次活，是没有任何经验的新手玩家。

但是很多人就是不能原谅自己，不断为过去和未来恐慌，而在眼下依旧浪费着时间。

[2]

关于弯路，大部分人存在两种态度。

第一种人把经历当成浪费，误以为自己走了弯路，带来不必要的焦灼。

比如，一个在探索自己究竟适合做什么的人，尝试了几份工作后，可能会想，我之前尝试的那几份工作都是弯路，我怎么当时就不直接选择这个呢！懊悔不已，焦躁，觉得自己浪费了时间。

再比如，一心想做传媒的人，毕业后做了房地产，几年之后，觉得没意思，就转行又去做传媒，然后他会说：哎，我就不该毕业时听家里人的话，我怎么早没做传媒呢？还是一样焦躁，觉得自己走了弯路，浪费了时间。

以上说的第一种人的共性就是当他们站在一个高点的时候，他们认为之前走的那些全部都是弯路，是没有价值的，是浪费时间的。

这种想法最容易带来的是对过去的否定，对于未来的怀疑。

因为你觉得浪费了时间，所以你就要强迫自己抓紧时间，当你抓紧时间的时候，就开始焦躁。

有些悲观一点的还会认为，完了，我走了太多弯路，我浪费太多时间，年龄大了，我错过了最好的红利期，我没有希望了，这种就是由焦躁变成了悲观。人一旦悲观了，行动力就差了。

所以，对于过去的经历，对于所谓弯路的正确看待是非常有价值的。因为它决定了你能否从眼下开始走上正轨，发展下去。

[3]

对于这种所谓的弯路的正确看法是什么呢?

你要知道一个道理，你吃10个窝头吃饱了，并不是因为你吃了第10个窝头才饱，而是因为你吃了前9个做了铺垫。

就像你尝试了10份工作，最后选择了最适合你的，这不是你浪费了前9份工作的时间，而是你没有前9份的尝试，你就不会得到第10份的完美。

很多人可能会说，别人为什么一下就做了我想做的事，我为什么这么慢啊，说到底，每个人的认知水平不同。

有的人就是知识平台高，学习能力强，这就好比人家9岁就会开越野车，你30岁不知道怎么启动越野车。

所以你走的那些自认为是弯路的路，都是你攀上那个高点必须要走的路，没有积累你的认知水平不会让你一开始就做出你后来觉得正确的那个决定。

原谅自己非常重要，否则你永远找不准自己的位置。

席慕蓉那句话说得特别对：所有走过的路都有不得不这样跋涉的理由。

原谅过去的自己，承认当时的自己就是那个水平，承认过去所有的目光短浅都是你这个年龄、水平的人正常有的，不要因为对自己过高的期待而不承认自己过去确实是个低水平的人。

当你接纳了过去的自己之后，你才会发现自己的水平，过去犯了哪些错误。唯有这样，你才能在眼下真正开始，走上正轨。

[4]

还有一种人，他们是在逃避所谓的弯路，不敢选择，带来不必要的时间浪费。

比如他们从事一份工作，他们不喜欢，或者他们没从事之前，不知道自己要从事什么，开始慌了，害怕弯路，因为害怕，所以就站在原地不动，犹豫不决。

你需要知道，弯路是有效的行动，你迈出第一步，这就是行动，没有什么正确的选择可言，只有被做成正确的选择。

你说：我不知道要做什么，所以我很痛苦，我在原地想，我害怕我选错了，我选了之后我不喜欢怎么办。其实你应该想的是：我选择哪个都一样，我把它做成我喜欢的。

谢丽尔·桑德伯格的书《向前一步》里有一句话我记忆特别深刻：男性为什么比女性容易成功，因为女性总想找到一个正确的位置再发挥价值，但是男性就是先开始做，研究怎么把它做好。

其实你会发现，到最后成功的，是那些足够坚持的人，他们尽力把自己的工作做得有趣，想方设法做好，让自己爱上它。

昨天我采访了"选择自己"的CEO——Kyle，他和我讲他创业的时候，三个人，公司换了好几个方向，做公众号，做完公众号，又改做社群，做完社群又要做App，每次都是全新的领域。他每次都有一种绝望感，又要挑战新的丝毫没有尝试过的东西。

Kyle每次都非常认真，他那时候报了很多的时间管理课程，需要什么就拼命学习什么，从来没有一次抱怨和怀疑。他现在身价千万。

[5]

坚定的人比不坚定的人更容易成功，勇敢的人比懦弱的人更容易内心充实，很可能他们做的选择都是一样的，但就是因为他们看待事物的心态不同，所以有很大的结果的差距。

很多事情，最后的结果就是你一开始做这个决定时候的心态。

你想着玩一玩，不行就算了，那最后就会算了。你想着先干着，后来肯定要离职，那最后就会离职。所以真正能决定什么是弯路，这条路能不能给你带来成功的，不是选择，而是你做这个选择时候的心态。

[6]

接下来说说，怎样避免在上述大家觉得是弯路的场景中浪费时间。

1. 学会时间管理，量化自己实现目标的时间。

把时间量化，有条不紊，每天每个小时在做什么，成果是什么，随时都要记录，每天总结，每周汇总，每个月分析。设定的计划要细致到每天去做什么。

推荐几个比较好的时间管理的软件：印象笔记，谷歌日历。

推荐几本相关书籍《精进》《让未来现在就来》《让一切静待时光检验》《成功心理学》《精力管理》《拆掉思维的墙》。

2. 我们在设定自己人生大目标的时候，需要设定的是不变的东西，而在变化的东西上采取灵活对待。

Kyle的人生目标最初是有自己的品牌，有自己的公司。他最开始是想有个服装品牌，有个服装公司。

但是现在他有一个励志品牌，一个互联网公司。

他对我讲，他觉得这也是一种实现，人生目标应该是锁定在那些不变的东西上，品牌和自己的公司是不变的，而至于从事什么行业、什么方向是可以灵活调整根据时机的。

这其实就让人减少了很多障碍和困难。

举个反例，比如我有一位读者就想做财经领域的主持人，但是她一直没有机会，后来她得到了一个机会去做综艺节目的主持人，她尝试了之后总是觉得和自己人生目标不相符合，就辞职了。

其实如果你把目标设定为我要成为知名主持人，你做综艺和做财经都可以成为知名的主持人，而这就少了很多等待机会的麻烦。因为你的目标太具体了，就会受行业、时机的限制。

所以尝试去做那些大范围的不会改变的目标，实现的方向根据当下的际遇灵活调整就少了很多的弯路和麻烦。

你说不知道设定怎样的目标，就去试，说明你的认知水平不高。你需要先行动，挨个尝试，再设定目标。

其实大多数人不会试1000种，多数试个10以内的选项就知道怎么办了。

3. 培养信息检索和学习的能力。

信息检索能力是非常重要的，这直接关系到你自己能否获取最新鲜有用的知识，这与你在学校成绩好坏没有关系，和你的学习能力直接挂钩。

去App商城，每周固定查看新鲜的App，多玩，多体验。

去相应的新闻平台看相关的新闻：头条，微博，知乎，微信公众号，一点资讯，网易新闻等，多去关注行业有话语权的人，每周固定拓展几个新关注的人，每天查看相关的新闻和文章。

多听行业课程。

4. 把人脉拓展精细化，多与人交流。

多与人交流，不管是自己行业的还是跨行业的，都要多和其他人交流，去倾听。

像我就每周与三个人详谈，一个月重新回顾一次，非但结交了不少朋友，更是在这样精细的获取信息的渠道中获得了非常多的启发和指导。

我觉得一个人开始成熟的标志就是，他开始发现有些事，是靠他一个人完成不了的，他必须接纳他人，必须向他人学习，必须要改变自己个性中的短板，否则他是无法突破瓶颈的。

我们所认为大多数的弯路是不存在的。

那些都是我们常会犯的错误。

原谅自己，找准位置再去提升。

我们都是第一次活，犯错误太正常了。

我们曾经不堪一击，但终会刀枪不入

5岁，她指着橱窗里一个精美的芭比娃娃说：“妈妈，我喜欢这个娃娃，我想要她，我会好好照顾它。”妈妈说：“你很快就会玩腻的，然后抛弃她。”她坚定地说：“不会的。”

15岁，她喜欢绘画，但由于手指天生畸形，画笔拿不稳，许多细节很难体现。

老师安慰她：“没关系，遇到美丽的风景，即使没有办法留下来，铭记于心也很好。”

她想了想说：“有办法。”

25岁，她爱上一个男孩，但是男孩并不爱她。

她说：“在你幸福的时刻，我绝对不会出现。但如果有一天你不幸福了，我永远都在。”

男孩不在意地笑，用调侃的语气问她：“你知道永远有多远？”

她咬了咬嘴唇说：“一辈子。”

35岁，男孩结婚了，新娘不是她。

她做了出人意料的决定，毅然辞去稳定的公务员工作，卖了唯一的房子，去环球旅行。

朋友们都劝她：“何必呢，谁都没有办法随心所欲地选择自己的生活，为爸妈想想，顺从命运，找个男人平静生活吧。”

她摇摇头说："可以选。"

45岁，她完成了两次环游世界的旅行，出版十余本摄影图集，本本热卖。

她甚至带着父母一起去了许多国家，最畅销的一本摄影书籍便记录了他们共同前行的身影。书的扉页上，是三口人依偎着的灿烂笑容。

她无法拿起画笔，却换了一种记录世界的方法。

也有人在网络上冷嘲热讽，说她出版这么多书，如果不是为了圈钱，还能是为了什么呢？

她回复："为了美。"

55岁，当初的男孩，如今的男人，突遇车祸高位截瘫，妻子卷了财产，弃他而去，只给他留了间空房与一个刚上大学、尚无收入的女儿。

她去找他，20年未曾再见，重逢时却是换了模样。

昔日的青涩少年如今歪着头，流着口水，浑身散发着腐烂的气息，坐在轮椅上一动不动，望着她泪流满面。

她也哭了，说："我来了。"

65岁，有流言传出，说她照顾男人多年，无非是为了男人名下那间唯一的房子。

男人的女儿也渐渐听信了这些传言。尽管这么多年，从大学到硕士的学费都是来自她默默的汇款，然而看向她的眼光还是多了几分异样。

了解她的朋友则劝她："趁着男人意识还清楚，跟他登个记，房子就算是夫妻共同财产。等他去了，好歹也算没白忙一场。"

她笑笑，说："没必要。"

75岁，男人含笑而终。离世的时候，面色红润，头发梳得一丝不苟，身体洗得干干净净，躺在洁白的床单上，床头一束新鲜的百合还在滴水盈香。

律师宣布遗嘱，男人把房子留给了她。她拒绝了，请律师将房屋卖掉，一半留给男人的女儿，一半捐赠给慈善基金会。

女儿跪在她的面前，流着泪请求她的原谅。

她抚摸着她的头发，俯下身亲吻了她的脸颊。

她温和地说："没关系。"

85岁，她出版了人生最后一本摄影图集，里面满满都是这些年她为男人拍摄的照片。

在轮椅上侧头听她读书的，微笑着赏花看海的，在床上安然熟睡的，在餐桌旁张大嘴巴向她索食的，靠在她怀里静静流泪的……甚至还有费力向她做鬼脸的有趣表情。

书的最后一张照片，是男孩15岁时的一张照片，穿着白色的衬衫，阳光下他看过来，露出年轻明朗的灿烂笑容。

她在下面写："我爱你。"

95岁，她坐在院子里的摇椅上，在阳光中眯着眼睛。女儿站在她的身后，为她轻轻按摩着肩膀。

她的怀里抱着5岁时那个芭比娃娃。

娃娃的衣服已经洗得发白，但她依然紧紧地握着，唇角露出幸福的微笑。

透过眼前的一丝微光，她似乎可以看到，自己墓碑上简单的三个字：做到了。

对于许多人来说，所有的抛弃、冷漠与遗忘，都可以被归给时间这只替罪羊。

然而时间平静而公正。它可以为了丑恶与失败，沉默地背起黑锅；也可以为了善良与成长，挂上荣耀的勋章。

画家常玉生前不被赏识，在穷困潦倒中离世，若干年后画作被卖到过亿的天价，时间为他证明了其创造的艺术价值。

秋田犬八公与主人萍水相逢，主人再也未从涩谷站口出来，它站在风里一等就是8年，时间为它证明了一条狗也可以为情谊坚守。

蒙哥马利将军爱上了遗孀贝蒂，她病逝后，他终生未娶。连丘吉尔都说："整个英吉利都不希望您是孤独的。"然而他说："爱上一个女人就不能再爱上另一个女人，就像我手中的枪，只能有一个准星。"时间为他证明了爱情的唯一和永恒。

不要害怕时间。如果心似磐石，分针秒针就只是忠实的目击者，记录下每一点辛苦与投入。

也不要忽略时间，一声声嘀嗒不只是冷漠刻板的旁观，更是温暖而认真的催促：华年易逝，华年易逝。

时间是鲜红的铭章，是刻骨的伤疤，是功成的鲜花，是永恒的碑文，是主人都不曾记得的一本私密日记，多年后偶然翻起才发现，自己居然曾写下那么多醉人的字句，留书成传，一生足矣。

莱蒙托夫有首诗这样写道："一只船孤独地航行在海上，它既不寻求幸福，也不逃避幸福，它只是向前航行，底下是沉静碧蓝的大海，而头顶是金色的太阳。将要直面的，与已成过往的，较之深埋于它内心的皆为微沫。"

璀璨还是黯淡，永恒还是坠落，相聚还是离别，都不必多余的强调。

任这世间百态成妖，风弛火燎，狂浪拍礁。只需静心一笑，安然等待就好。

我们都曾不堪一击，我们终将刀枪不入。

爱过，错过，都是经过；好事，坏事，皆成往事。

时间会证明一切。

每一次挫折都是财富，每一个苦痛都是勋章

有人说，世界越冷酷，我们越需要学会坚强。

从学校到职场，从新人到精英，成长的路上每天都面临着许多的挫折。

你可知道这些挫折都有AB面？

[胖男孩的委屈]

他知道，同学们都不喜欢自己。

踢球，他不会；跑步，他总是最后一个；跳绳，他会绊倒自己……每一堂体育课，都让他倍感煎熬，而周围人看他的眼神，也越来越嫌弃，再也不愿意带着他一起玩儿了。

说到底，不就是因为自己胖吗？这又不是他愿意的！天生如此呀！一想到这个，就让他感觉很愤怒，觉得大家都在欺负他。这不，明明知道自己运动无能，体育委员还硬替他报了校运动会的800米竞赛，这不就摆明要看他出丑吗？

果不其然，他得了最后一名。散会后，他抹着眼泪往家走。

小男孩带着一张苦脸回了家。

爸爸问："你怎么了？"，而他愤愤地回答："大家都欺负我！"。

他向自己的父亲控诉了身边人的恶劣行径，但奇怪的是，爸爸却一点没有帮他出头的意思，反而对他说：“所以，你觉得大家讨厌你是因为胖？”

“难道不是吗？”

“我觉得不是。”身为企业高管的爸爸，看待每个问题都有自己独特的角度。他捏了儿子的小脸一把，反问道：“为什么你不试试在自己身上找找原因呢？”

我能有什么问题？他在心底不满地嘟囔着，可好好想想，又似乎确实有一些端倪：

因为怕出丑，他总是拒绝参与集体游戏；不仅一直逃避运动会，连大扫除他也不愿意干——累啊！体育委员说了他好几次，他也不听。这样看来，好像确实是自己理亏……

看着儿子羞愧地低下了头，爸爸笑了：“别不开心啦！以后爸爸每天早起一个小时和你一起去跑步！”说着，他像变魔术一样从身后掏出一个盒子，而里面装着一双漂亮的运动鞋。

[职场新人的困惑]

这已经是她这个月第三次挨批了。

第一次，是同事在提案会开场前半小时紧急call她送一份产品资料过去。虽然一路急赶慢赶，但还是晚了几分钟。事后，她被训了半个小时。

第二次，是组长吩咐她为大家订餐。时值晚高峰，餐厅不送，好不容易买回来，却被埋怨饭菜不够热了。

第三次，是主管汇报工作时说错了一个数据，也不知怎的，她脱口而出就接了一句“不是”，而主管的脸当场就黑了。

她感觉很挫败，不明白为何自己在学校里一直是资优生，但进了职场却总是处处碰壁。每天早上，她对着镜子里的自己说：加油，一切都会好的！可是一去上班，总是会有新的意外或打击迎面而来。比如，在今天这个会上，她就越听越茫然、也越听越心寒——为什么主管站在台上讲的这个方案，与她昨天交的那个如出一辙？

女孩委屈又不忿地下了班。妈妈看出她心情低落，于是特地做了她爱吃的玉米排骨汤。她鼻子一酸，忍不住倾诉了一通。而妈妈认真地听完后，却提出了一个重要的问题：相似与相同，有着本质的不同。所以，这里面会不会有误会呢？

她被问住了，仔细想想，除了几个idea之外，方案中最重要的部分确实是主管写的。

“你说今天提案很成功，你也作为项目团队一员参与了，是不是应该向主管表示祝贺呢？”

想开以后，她照妈妈说的做。不一会，微信提示音响起，是主管：“最近干得不错！之后的项目就你来跟吧。另外，下个月你可以转正了，到时一起吃饭庆祝一下！”

一瞬间，所有负面情绪烟消云散。她开心地抱住了母亲，大声叫道：“谢谢妈妈，我最爱你了！”

[HR 总监的无奈]

她已经连续加班两周了，包括周末。

作为一家知名企业的HR总监，每天她都在与各式各样的会议、表格、邮件搏斗，每到年底，更是格外头疼。比如昨天，她刚刚被总经理请去喝过一次茶，对方轻描淡写但又不容置疑地说：“年底的离职率务必要控制一下，否则很难给董事会交代。”

老实讲，若是不挂着HR总监的头衔，她也很想吐槽：这里任务重、压力大，如果有更好的选择，干吗不去？但作为一个HR总监，她明白这样的抱怨毫无作用，而且显得她非常不专业。所以，她只是淡淡地回了一句“好的”。

之后，她就紧急召集手下拟定了一系列方案，也亲自找各部门主管谈话，非常有技巧地施加了一些压力。渐渐的，她发现大家的眼神开始有了微妙的变化，只要她出现的场合，在场的人就会透着一股淡淡的怨念与忌惮。她明白，自己被大家恨上了。

HR总监好几天都闷闷不乐。

这天，她拖着疲惫的身体回了家，却发现屋子里面黑漆漆的。正疑惑中，灯一下子就亮了，她看见儿子和老公站在一个大大的生日蛋糕前，开心地冲她喊：“生日快乐！”

对哦，今天是自己的生日，但最近太忙也太烦，完全没有想起来。看着儿子的笑脸，感觉压力小了许多。于是拿出手机，一家人在蛋糕前自拍起来，还发了朋友圈。生日大餐过后，抱着儿子舒服地窝在沙发上刷手机，刚才发的图片下面全是同事们的点赞和生日祝福。

原来，自己没有想象中那么被讨厌啊。看着家人的笑脸，她突然明白了一个：作为HR总监，如果能让员工感觉到公司的情义，怎么会有人舍得随意说离开？好，明天就找老总好好谈一谈，实际地为大家争取福利！

类似的故事，每天都在我们身边发生。甚至说，可能我们自己就曾做过文中主角。但是每个故事永远有B面。所以我们只要撑过去就好了！每一次挫折，都是财富；每一个苦痛，都是勋章。

独自走过人生的弯路

[1]

朋友A，暗恋一个女生6年，最后还是无果而终，而我们最为他不平的是，自始至终他都没有让那个女生知道自己喜欢她。可是他说没关系，某天他回想起她的时候，他发现自始至终都没有期望她会出现在他的明天里，但如果时间倒流，他一样还是会去喜欢她。

暗恋的好处就是，她的一个举动、一个微笑，就能让你莫名地记住好多年。不是所有的故事都有HappyEnding，但不是所有不是HappyEnding的故事都没有意义。即使某天你回想起一个人，她曾经让你以为她会出现在你的明天里，可是自始至终都没有出现在你的生活里，也不会觉得白忙活了一场。在对的时间遇到对的人，那是扯淡；在错的时间遇到对的人，这就叫青春。

[2]

朋友B，前阵子一个人去西藏回来。尽管现在“西藏”像一个泛滥的名词，我们还是不能掩饰对她的佩服。她的GapYear开始得轰轰烈烈，在前阵子结束了，她说自己从来不是一个那么坚持、那么笃定的人，但是突然觉得，就这一次，不能再半途而废。她说，这一次要把自己以前所有没用到的倔强都用完，把所有的半途而废都给弥补上。

她这么说着，她也这么做了。

然而在她这么独立的形象之前，是一次失败的感情。双方父母同意了，订婚酒也办了，男主角却突然变卦了。我不想去评判什么，然而还是替她可惜。只是我们谁也没有想到，她会以这么独立强大的形象归来。她说自己已经把之前黄金年代的一部分全部给了他，之后的日子不想再为他浪费了。

[3]

不久前同为留学生的M问我，每一次在机场最让我触动的是什么。我想了会儿说，是看到留学生们离别时候的感伤吧。他摇摇头说，最让他触动的是，无论那人之前的生活怎样，他的性格是懦弱还是坚强，走进海关的那一刻，即使已经泪流满面，他也不会回头。

那些已经难过到抑制不住哭声的人，也绝不会回头，也绝不会把自己的软弱展现在爸妈面前。

每到6月，就会有很多人绕了一个大圈子，然后回国，终究是回到那个熟悉的地方。曾经我想，为什么我们绕了一大圈还是毫无例外地回到了原地？为什么明明全世界最爱我们的两个人都已经在身边了，我们却还是要离开他们？后来我们想明白了，就像我常说的，所有漂泊的人不过是为了有一天能够不再漂泊，能够保护起自己的家人。只有经过这样的折腾，这样看起来的一种徒劳无功，才能明白原点是一个什么样的东西。

[4]

我从来不觉得自己是一个很靠谱的人，我谈不靠谱的恋爱，写没人看的书，打着旅行的旗号一个人去很多地方。每次我在陌生的地方看着陌生的天花板，想的却总是家；每次我错过了那个人之后，我不会发现哪些地方我做得不好。我曾经想，为什么要这么折腾，为什么那么不靠谱。

然而成长的一部分就是这样，你不断地跟熟悉的东西告别，跟熟悉的人告别，做一些以前从来不会做的事情，爱一个可能没有结果的人。在某个阶段，尤其当你寂寞太久的时候，有太多的冲动，把喜欢当成爱，把一秒当成永恒。然而如果不是这么折腾，你也不会知道自己真的想要的是什么。

很多人都跟我说“不如不见”之类的话，但是我觉得相遇就是一种缘分。太多人就是要得太多，反而什么都得不到。能相遇，能变好一点儿，能同行一段，那也挺好的。人生本就是离别的集合体，如果不珍惜每一次的相遇，那一辈子就太短了；如果分开后总想要遗忘对方，想着不如不见，那一辈子就又太长了。

每个人的青春里都有一条弯路，谁也无法替你走完，但未来总还在。

我曾经在《愿有人陪你颠沛流离》中写道：愿有人陪你一起颠沛流离，一起走到出头的那天，一起走到你一生那一次发光的那天。曾经也有人给我留言，说已经看我的文三年了，突然也会感觉时光飞逝。我只希望这么多年过去了，你没有觉得这些年白白度过。

所以今天想再加那么一句：愿有人陪你颠沛流离，如果没有，愿你成为自己的太阳。

愿你成为自己的太阳。

是挫折让你找到了自己人生的正确之路

上大学时，志刚是公认的才子。专业学得好，琴棋书画无所不能。毕业后踏入社会时，志刚的心里充满自信。

现实却以变幻莫测的面目出现。

志刚求职的第一份工作，是报社记者。报社里昔日的师兄鼓励他：以你的才气，考入报社，一点问题也没有。笔试那天，虽然偌大的考场，坐满考生，可志刚一点也不怯场。他用了不到一半的时间就将考卷做完。环顾四周，许多考生正皱着眉头，苦苦思索。志刚在心里轻轻地笑了。考试结果出乎意料，他落榜了。志刚感到非常难过。考虑再三，找到报社主考人员，希望能给他一个机会，志刚保证：我一定会把这份工作做好的。可不管怎么请求，主考人员都不为所动。

走出报社大楼，虽然外面阳光明媚，可志刚觉得，眼前到处灰蒙蒙一片。

求职的第二份工作，是报考公务员。在报纸上看到征考启事的当天，志刚就买来参考书。知道这种竞争非常激烈，考取的几率微乎其微，可志刚还是决定试一把。他在租来的地下室里看书、做题，饿了，啃一口凉馒头，渴了，喝一杯白开水。第一次考试，志刚以2分之差落榜，虽然很失落，却还是看到了希望。他决定再试一次。第二年，他差了5分。志刚仿佛跟命运较上了劲，他坚信功夫不负苦心人，他不相信那些考取的人员水平更高。第三年，志刚终于一举获得报考岗位第一名的好成绩。

在电话里查到这个结果时，志刚的泪水，从眼里慢慢流进嘴里。

下一步是面试。志刚找到以前考取公务员的朋友，朋友耐心指点，告诉他要注意的问题。志刚一一牢记在心。而后对着镜子，一遍遍模拟练习。

面试那天，志刚确实紧张。可看到其他面试人员比他更紧张时，志刚反而镇定下来。面试者一共五人，志刚排在第三位。时间蜗牛般一点点爬过，第二位面试者快要结束的时候，志刚整装待发。就在这时，手机响了。一时间，大家面面相觑，而后将目光投向志刚。志刚一下子懵了。智者千虑，却在关键时刻掉了链子。谁都知道，面试时不得将任何通讯工具带进来。志刚违规了，他被取消面试资格。

那天下午，有人看见志刚在海边发了疯似的狂跑，将手机远远抛向大海。他跌倒在沙滩上，双手抓紧沙子，泪水和着沙子，满脸横流。

以后，志刚求职无数：企业文员、广告公司策划……可不是工作不满意他，就是他不适应工作。志刚碰壁无数。

求职之路山重水尽。志刚已在社会上漂泊数年，生存成为最根本的问题。志刚问自己，还能干什么？思来想去，只能办一个绘画班了。

画画一直是志刚的爱好。小时候父母为志刚请过名师指点，这么多年，只要有闲暇，他就会拿起画笔，在纸上涂抹一阵子。画室设在一间地下室，最初的学生只有两名，志刚没有泄气。因为志刚知道，除此之外，他没有别的路可走。志刚耐心地教学生作画，慢慢地，学生变成五名、六名，直至十多名。每到学习日，小小的地下室，明显地拥挤了。

生存问题得以解决。不教画时，志刚便背着画夹，四处写生，他画旭日初生的大海，峰峦壮美的高山……画画让志刚有一种宁静的感觉。远离了喧嚣，远离了热闹，内心充实无比。把画技传授给学生时，志刚会由衷地喜悦。命运仿佛是在悄悄间发生变化的。志刚选了几幅写生画，挂在地下室的墙上。那天，一位学生家长对着一幅画看了很久，而后转向志刚，凝视着他问，真是你画的？志刚点点头。那位家长紧紧握着志刚的手，表示愿意高价购买这幅画。

名声就是这样传出去的。求画的人渐多，更多的家长，希望能将孩子转到志刚的门下。有人对志刚简陋的画室评价：卧虎藏龙之地。他的画室后来改在市中心……彼时，志刚已将画画视为生命，终日勤学苦练不止。

如今，志刚已近不惑之年。一年前，他成为这个城市一所画院的院长。他的画作，享誉国内外。

说起当年的挫折，志刚感慨不已。曾经以为，挫折是一双魔爪，要将你撕裂成片，流血不止。回过头来才知道，挫折是一双最温暖的手，它不断地将你从错误的轨道上推开，帮你找到正确的路，虽然这个过程会疼痛，会流泪。

还记得小时候挨过母亲的打吗？志刚笑着说，挫折有时候就像母亲的那双手。

你最大的敌人就是你自己

别让未来的你，

讨厌现在的自己，

要让自己从心底感谢现在这个不畏艰难、

拼尽全力的你。

世界那么忙，你委屈给谁看

昨天我出门开会打“优步”，一早一晚，遇到了两位风格迥异的专车司机。

第一位，是在早高峰的时候，年纪偏大，我一上车，他就问我说：“怎么走啊？”

我说：“跟着导航走吧。”

车开出去一段，就开始堵车，师傅挠挠头开始抱怨说：“我早上6点就起来拉活了，等了一个小时才拉一单，现在你是第二单，哎呀，又赶上大堵车，哎！今天早高峰任务算是完不成了！”

“早高峰任务很难完成吗？”我特别喜欢了解各行各业的人的状态，便问他。

“优步的政策是早上6点到10点算早高峰，这段时间内拉够四单，平台奖励司机一百块钱。”

“那不少啊！”

“你看我现在就堵在这了，我把你送到国家会议中心，一个半小时过去了，然后我还得空载回到这个地方等单子，任务肯定是完不成了……”怨气发泄出来，并没有让他轻松。正说着，右边车道有车要并线，他厌烦地啪啪按喇叭。

虽然我不太明白为什么他在城里跑还要放空车到老地方等派单，但是看他一筹不展的样子，肯定是单子不好接。

对于自己为什么完不成早高峰任务，他把这个责任都推给公司了：“现在公司太坏了，太欺负人了！他们标准定得这么高，故意让你完不成任务！对了，不然你下车后再下个单，我抢着了就能完成任务了。”

我表示下车后还要赶时间，他便没有再勉强。

下午从会场出来，又叫了一辆车。第二位司机是个笑容满面的年轻人，我一上车就热情地跟我打招呼。

有感于上午的经验，我问师傅说：“现在单子不好抢吧。”

“也没有啊，我早上6点出门，接单率还是挺高的。”

“那早高峰奖励能拉够吗？”

“我能啊。我还建了一个微信群，里面有两百多个司机，我老乡！都是跑优步的，”等红灯的时候他乐呵呵地展示给我看，“我老能完成任务，所以他们都加我，哈哈。”

他不仅能完成早高峰订单，拿到100块奖励，而且下午4点到晚上11点的订单也能够顺利领到奖励，又能拿到90块钱。

司机小哥表示早高峰完成奖励，等单是不行的，有的区域私家车比较多，自然不会打专车上班，等在那再久也没有用；还有就是，因为平台是靠接单量计算奖励的，所以长距离的订单一定会吃亏，再熟悉路况的司机也架不住三环四环堵两个来回。

经过他的细心观察和多次试验，发现西北五环的科技产业园区早上最好接单，那年轻人多，需求量大，而且基本上打车都是从宿舍到单位，最多也就是两三公里路程，轻轻松松完成任务。

专车司机一个月多的话能挣到一万多块，少的话几千块。同样是早上6点出车，晚上11点收车；同样是辛苦、单调的工作，却有不小的收入差距。

古龙说：“聪明人不会让自己吃苦的，但是不吃苦，又只能停留在小聪明阶段。”

《笑傲江湖》第二季，有位选手卖彩虹圈，10块钱一个，一天能在街头卖4万块钱，同样是街头生意，比别人卖得都好太多。刚开始评委还不相信，4万块就意味着要卖出4000个，怎么可能？

等节目开始后，评委们完全相信他能够卖出那么多钱，因为他把彩虹圈玩出“十八般武艺”的感觉，特别吸引人。

这个世界上努力的人很多，聪明的人也很多。只有努力加上聪明，才是能够获得更好的收益。

人要努力，但是不能低着头努力。

年轻的时候对于成功人士有些偏见，总觉得他们要么就是入行甚早，要么就是运气奇好。这些人在我眼里就是投机倒把或者暴发户的代名词。这几年见了不少人，基本上把我之前的认识推翻掉了。你获得的收入是和能力基本匹配的。

我们集团的老总，只要见过你一面，第二次就能够叫出你的名字，感觉特别亲切。有时候换身衣服换个发型进大楼的时候还会被保安拦下，让我出示工作证，所以他的记忆力实在是让我印象深刻；上次还见到某个创业型互联网公司的CEO，四十岁出头，戴个眼镜穿个格子衫，背着双肩包看起来平淡无奇，但是一和他谈话，发现这个人真的是了不起，知识面之丰富，对于不熟悉的领域之虚心，让我佩服不已。

所以不是把一件事情重复一百次就会成功，不断地重复而从不思考，只能说你行动过，经历过；而在不断地重复过程中总结经验，积极思考，才叫作经验，是去芜存菁之后真正宝贵的东西。

在此过程中得到的一切，谁都拿不走。

你怎样看待自己，别人就会如何看待你

最近的解忧小站里有好几个女孩跟我说，我是个胖女孩，很自卑，也很不自信，经常会很在意别人的眼光，也很害怕别人不喜欢我。

我感觉我的人生是围绕着别人在转的，我很想改变我自己，想为自己活，想努力不在意那么多人的眼光，我想从玻璃心变成小太阳，我想成为真正的自己。

可是，这些都是我想而已，真正的我却是一个敏感到极致的人。

我会因为和室友之间的一点小矛盾就把自己弄得魂不守舍，陷入特别自责和难受的境地，一整天都会想三想四，然后什么也不想做，陷在这种情绪里无法自拔。

明明人和人之间的关系是相对平等的，特别是朋友之间。可是我却一直迁就别人，在意别人的每个眼神和每句话，害怕自己不被喜欢。

这样子的我，说好听点是和善，但其实就是怯懦。

你说，要怎样才能变成一个自信的人呢？要怎样才能不那么在意别人的眼光呢？要怎样才能成为自体发光的小太阳呢？

说实话，我也不知道。

因为我也是个怯懦的人，也很害怕争执和冲突，也在乎很多人的眼光，也想努力让别人喜欢我，也想成为一个goodguy。

所谓的好人。

先撇开“好好小姐”这个称号，我们来看看胖女孩的内心世界。故事得从微博上收到的一封私信说起。

小伍去年发给我一个消息，问我，为什么大家都喜欢欺负胖子呢？感觉大家都有点从心里看不起胖子呀，这是为什么呢？

我回应说，没有吧，我觉得女孩胖嘟嘟很可爱啊。

她说，可能是因为最近总有人在打趣胖子，所以心里感觉很不舒服。因为胖这个问题，我觉得自己很自卑。

的确，我们在面对自己的某些弱点时，往往会表现出比较敏感的情绪。就像我自己，最敏感的地方就是眼睛。

也许那些胖女孩会很敏感自己的身材，即使自己很努力去减肥，但因为某些原因没能坚持下去，最后只能不断埋怨自己，然后逃避和隐藏。

可是，很多时候越是隐藏，反而越会陷入困境。

因为这是我们心底的小黑暗，总是被我们封藏在看不见阳光的地方，日子久了，你就更害怕去触碰了。一旦有人说起，你就会自发联想到自己。

就像我小时候最害怕人说的就是三个字：四眼妹。

听起来好像是胖妞的另一个版本故事，只不过是把自卑女孩的主角变成了我。

我从小学一年级开始戴眼镜，到现在已经快十八年了。妈咪说，我刚出生的时候，眼睛大大长长，很好看，连护士都夸我，这小孩的眼睛真漂亮。

以前在电视里会看到广告词，眼睛是心灵的窗户。

于是我就会想，那我的心灵是不是被关上了窗户呢？没办法，既然窗户开不了，我就只能自己找门了。人间处处是生机，何苦把心灵困在黑暗里。

可小时候哪懂这个道理。

我小学一年级是在镇上最好的小学就读，但后来因为家里的原因被寄宿在了奶奶家，于是剩下的小学生涯就在村子里唯一的一所小学度过的。

学校的学生并不多，每个年级只有一个班。我二年级转学过去，成了班里唯一戴眼镜的学生，还是个女生。

那时候的男生特别调皮，尤其是平常就很喜欢捣乱开玩笑的男孩子，碰到个转学来的妹子，全身上下和一般的女孩没什么不同，但唯独有样东西是他们都没有的。

一副镜框眼镜。

九九年那会儿不像现在，满大街十个人里至少一半以上的人都是戴眼镜的。那时我算是班级上的小异类，离开了眼镜，我的世界都是模糊的。

你能想象一个九岁的小女孩被几个男孩子开玩笑拿走了眼镜，然后像个半瞎子一样找来找去，一脸茫然失措的模样吗?

这完全不亚于你讨厌的男孩子当着你喜欢的人面喊你，喂，死胖子，给我点吃的，饿死我了。

我想那时的我一定是恨透那帮男孩子的，即使我知道他们也只是觉得好玩，一群毛都没长齐的臭屁孩子，怎么能知道小女孩的无助和绝望。

以至于，这个梗在我心里种了这么多年，再不拿出来晒太阳，肯定都要发霉了。

当然了，根是烂的，肯定不会发芽。既然明知道它是坏的，那就也别费尽心思去弥补和隐藏，多拎出来自我调侃一下，你就会发现还挺有趣的。

我小时候有个梦想，如果有一天我能摘下眼镜，不用再隔着树脂片看世界，那是不是非常美妙的一种体验呢?

然后我就会在课间做眼保健操时催眠自己，也许等这次做完，睁开眼睛就能看得清眼前所有的风景。

可睁开眼，世界还是雾蒙蒙的一片。

我还因此埋怨过身边最亲近的人。那时候我喜欢的男生不理我，我以为是因为自己长得不漂亮，然后很自然地就联想到自己的眼睛。

我对妈咪说，为什么我要戴着眼镜，如果我能够摘下它，我一定会比现在更漂亮。如果漂亮了，他就会喜欢我，就不会这样离开我了。

现在想来，真是好可爱的女孩子，却也显得那么自卑和可怜。

如果真的要说喜欢，我更喜欢自信的女生，她们身上总是散发着让人羡慕的光环，即使不一定有多优秀，但能量满满，给人希望和阳光。

一个总是在自己身上找原因的人，往往也会因为过分追究自己而失去了原本的韵味。

你看待自己的方式，就是你看待世界的格局。画地为牢的境地，只会让自己陷得越深。如果你是以一种平和的目光注视自己，那你会收获另一个非常亲密的朋友，而不是敌人。

嗯，很多时候你是自己最大的敌人，因为你是那么嫌弃自己，甚至厌恶和讨厌。可是，不是有句俗话说，女人何苦为难女人，你又何苦为难自己呢?

学会和自己对话，也许是个培养自信不错的方法。

这些年来，我也一直努力和自己做朋友，给自己鼓励。我自己有个小技巧，每次我很难受的时候，我就会给自己写一封信，有时会是大段大段的情话，只说给自己听。

自信其实是从两方面入手的，一方面是自我激励，从日常语言和生活细节上给自己心理暗示。

另一方面是从别人那里得到认可，主要是从亲近的人和爱你的人身上获取，千万别去找那些不熟悉你的人，因为很容易打击你的自信心。

我以前有晨跑的习惯，每天早上会去操场跑七八圈，当时有个举动让我一天都很开心。我会在跑到某个有阳光的地方夸赞一下自己，哇，自体发光，简直不能再美了。

然后，我就偷乐一整天，哈哈哈。

有时候我跑完步会故意很自恋地问好友，你不觉得我流汗的样子很美嚒？不行，我要爱上我自己了。

偶尔的小臭美，是培养小自信的第一步。懂得随时拿自己在意的东西开玩笑，次数多了，它就不会再在心里发霉了，只会在黑夜里发光。

你要知道，每个人都会有自己心里自卑的地方。因为人无完人，再优秀的人都会有自己的弱点和不足，而他们之所以优秀，是因为把自己的优点放大化了。

况且，重要的并不是别人怎么看你，而是你怎样改变别人看你的方式。你试想，一个连自己都觉得自己不好，觉得自己不漂亮，觉得自己很胖的人，别人就更会这样觉得了。

因为你在不断向身边的人传播这样的讯息，你把自己推向了一个更糟糕的境遇。

先学会自爱，再去管别人的评价。如果你能试着做到这点，那你离有魅力的女孩不远了，说不定到时候连我都会觉得，哇，这个女孩很赞哦。

我现在会开始相信，你怎样看待自己，也会连带别人如何看待你。所以，先不管别人怎么看你，首先你要以非常正确的心态审视自己。

如果你相信自己是个很酷的人，那你就会是个比较酷的人。

我很期待你会在未来的某一天，再写信给我，然后跟我说，虽然我挺胖的，现在没有毅力减肥，但我冬天自发热，性格自来熟。终有一天，我能瘦成一道闪电，美瞎一路凡人。

你取笑我胖，我还没取笑你瘦呢？

况且没听过人家说，胖子都是潜力股嚒？我现在是在发功，小心某天我潜一个男神回去，到时候可别流口水。

咳咳，我YY过头了，忽略上一句，记住，每个胖女孩都会拥有一整季的春天。只要你想。

没有什么事情是停不下来的

晚高峰时的北京实在没有什么幸福和快乐可言，一号线和十号线换乘的那一段路程，好像火车站的候车大厅，天天上演着春运的戏码。还有大望路一带的几个公交总站，排队的队伍长得看不到尽头。而走在路上的人，也都是行色匆匆。曾经在路上听一个女孩跟她身边的朋友说，在北京三年，她从来不知道上班的路上有哪些风景。我也知道有的人在北京多年，每天上班都路过北海公园，但是从来都没有进去过。

这个城市到处都是急行军一样的人，而它每一天都在变化，不停地有高楼拔地而起，有的地方一年不去，再去时已经大变样。其实这个城市本来的气质与它现在的速度与节奏完全不搭，我从来不认为这是一座适合奋斗的城市，相反，它应该属于慢生活。这个城市有提笼架鸟的闲人，有划过蓝天的鸽哨，有缓慢流淌的光阴。这曾经是这座城市最美的画卷。

小孩子还没有出生就要听音乐接受教育，每个人都在往前跑，生怕落于人后。跑在后面的人永远存在，每个人所想的只是落在后面的那个人不是自己就好。

当然，不是每个人都选择了这样的节奏。放眼望去，仍然有那么多懂得享受时间的人。曾经看过一个关于二郎寿司的纪录片，是一个美国人拍的。二郎是一个80多岁的老人，他一生只做一件事，就是做寿司。从鱼市场挑鱼，再到后期的加工，到米饭的火候，甚至是盛米饭的器具，二郎都极其讲究。他的小店只能坐下10个人，来吃的人需要提前一年预约。他的寿司里卷进了时光的味道，每一分每一秒都是精心制作，所以它成为米其林三星级餐厅，据说去过的人吃一次就忘不了二郎寿司的味道。这样的店在今天的中国是开不下去的，时间是如此奢侈，人们恨不得一分钟当成一个小时来用，磨工夫出细活的事没多少人愿意干了。

在旅行的路上，我们经常会看到辞了职上路的人。有的时候会不理解，觉得荒废了赚钱的大好时光，但是之后又会觉得很有道理，等你不缺钱的时候，你还有力气做自己想做的事吗？当你有能力去抉择的时候，不要给自己留下遗憾。

近几年，身边有人在奔跑之后选择慢下来，放弃赚钱的机会，静下心来做一些喜欢的事情。没有什么事情是停不下来的，也没有什么事情能让你用最好的时光去换取。如果在某一个时刻，你想坐在阳光下，静静地听花开的声音，那么就去做好了。多年后你会发现，或许你并不很羡慕那些跑得飞快的人，重要的是，你应该过你想要并且能够达到的生活。

生活不会亏欠每一个脚踏实地的人

我希望，多年以后，当你停下脚步，回头看这一路坎坷，不是心生畏惧，唉声叹气，而是微微一笑，嘴角上扬。光亮透入眼底，天野苍茫，仿佛置身一片平原。

即使满身伤痕，也不觉疼痛；即使岁月蹉跎，也依然感谢那个曾经奋力一搏的自己。

[1]

晚上，我跟城城聊天。她是我的前同事，我问她还在原来的公司吗？她似乎有些沮丧地说，是的。

去年，出于对文字的热爱，我们进了同一家公司。差不多半年后，我为自己赢得了更好的机会，当即跳槽。因为新平台的优势，我开始大量审稿，在今年三月，也终于提笔独立创作。

我从未想说自己如何按照心中所想一步步前进。只是身边，我所见到的人，似乎都抱着一种想法：明知道当下的处境或多或少阻碍着自身的发展，却依旧不愿改变。

不单对工作，在面对要处理的事情、要学习的技能时，也总是瞻前顾后，拖沓犹豫。一段时间后，往往安于现状，不了了之。

你总想着，以后再做，有时间再学，却忘了时光匆匆，岁月无痕。明知道“日月逝矣，时不我待”，为何从未现在就去想，现在就去做。

一个人最大的敌人不是别人，而是那个恪守固执、懒惰到不愿改变的自己。

[2]

我遇见丹尼尔，很偶然，是在一场校外的分享会上。当时，他浑身闪现出不一样的光彩。他向我们展示建筑作品，谈到节能环保、新型材料，那些打破常规的作品令我印象颇深。

他谈及自己的创作灵感，源于一年前的海外游学。那段时间，他辗转于美国、加拿大、摩洛哥，三个迥然相异的地方，激发了他不断探索的欲望。

当时他向在座的我们抛出一个问题：“从哪一刻起，你想要改变自己的人生？”话题一出，场内一片沸腾。他微笑拍拍手，接着说：我的那一刻，是从推翻过去一切开始的。回国后，我把学生时代的作品都毁了，因为这些成就是在过去，带不进我的未来。如果没有把过去一切都舍弃的心，就会被牵绊，而失去想要改变的勇气。

他说完，现场是鸦雀无声的静寂。

很多时候，我们总在回望那些曾经的荣耀与兴败，忘记它们早已逝去，而人作为个体，却在时间的洪流里不断前进、成长。观念在变，眼界在变，格局和时代都在变。

改变现状，从改变我们对问题的看法开始。舍弃过去，才能以“空杯”的心态迎接未来。

[3]

我曾经因为害怕失败，而迟迟不肯行动。直到有一天，我的一位朋友语气平缓、看似漫不经心地说：既然你喜欢写作，又有这方面能力，为何不去写？

而后来很长一段时间，这句话就像个魔咒般进入我的血液。我开始反复问自己，是啊，为什么不去做，为什么不去写？

人总是害怕改变，因为不知道改变，能带给我们什么，却清楚地知道可能会失去什么。大概这就是我们不肯轻易改变的根源。塞翁失马，焉知非福？

自从写作以来，我学会思考，认识了很多志同道合的朋友，看到了更为广阔的世界。很多人通过文字找到我，而最终，文字也成为我打开新世界大门的钥匙。

在我看来，一个心智成熟的人，会主动面对机遇，适时改变，而非逃避。逃避，不能解决任何问题。因为害怕失去，而不去行动，也许会成为人生中最大的遗憾。

一件事情，做与不做，天壤之别。很多时候，成败取决于你自己。

[4]

想起几年前，我抱着一堆稿子给一个编辑，她皱着眉头说：你文笔不错，可人家十四五岁开始写作，你起步太晚，路会很难走。

蔡康永说：15岁时你觉得游泳很难，放弃游泳，到了18岁遇到一个你喜欢的人约你去游泳，你只好说我不会。

难道一定要事到临头，才幡然悔悟吗？

去见你想见的人，趁活着；去做你想做的事，趁还有时间。别说为时已晚，人生的词典里，永远没有太晚。

摩西奶奶76岁绘画，轰动全球。她曾说：做你喜欢的事，哪怕已经80岁。

杨绛先生，晚年创作散文集《我们仨》，直到104岁还坚持写作，笔耕不辍，即使在人生最后一程，也依然美丽。

其实，“想不想”“做不做”“见不见”，都抵不过你内心深处的“愿不愿意”。

没有太晚的开始，不如今天就行动。总有一天，那个一点一点可见的未来，会在你心里，也在你脚下慢慢清晰。

别让未来的你，讨厌现在的自己，要让自己从心底感谢现在这个不畏艰难、拼尽全力的你。因为生活不会亏欠每一个脚踏实地的人。

你本是钻石，还怕别人以为你是废料

一个人，如果连自己都看不起自己，那真的没得救了。

论坛上经常看到这样的求助帖子："别人看不起我，我该怎么办？"

先讲个寓言笑话：

一个财主遇到一个穷人，财主对穷人说："我这么有钱，你怎么不尊重我呢？"

穷人回答："你有钱和我有什么关系？我为什么要尊重你呢？"

财主说："我把我的财产分给你一半，你会尊重我吗？"

穷人回答："你把财产分给我一半，我就和你一样了，为什么要尊重你？"

财主又说了："那我把财产全部给你呢？"

穷人说："那我就更不会尊重你了，因为我是富人，你是穷人了。"

这虽然是一个笑话，却向人说明了一个道理：如果你想得到别人的尊重，必须拥有让人信服的条件，包括特质、素养、情操和意志等。

行事不顺的人通常很敏感，十分在意别人对自己的态度，往往因此而患得患失。其实，面对别人的不友善，我们最该做的，就是打开体内的应急按钮，调动所有的防毒软件，全面修护自己的情绪和感受，把无聊的闲言闲语和猜忌都扔掉，只留下能激励自己的箴言。

汉代名将韩信发迹之前，曾经流浪街头，并几次想要以死自我了断。一个在河边漂洗棉絮的老太太可怜他，每天都省下一碗饭给他，一连供养了他几十天。韩信填饱了肚子后，忍不住慷慨激昂起来，对老太太说，将来自己一定会重重报答她的恩德。老太太一听，勃然大怒，训斥道：“丈夫不能自食。吾哀王孙而进食，岂望报乎！”这句话大意就是说，你一个堂堂男子汉不能自立，我只是可怜你身为公子而为你准备餐食，哪里可能去妄想得到什么回报，你如此豪言，真是可笑至极！

一个贫苦无助的老太太，却对着七尺男儿说出如此训言，对于韩信来说简直是羞辱到了极点。然而，也正是这当头一棒，把一直沉陷于迷惘中的韩信拉了回来，让他开始有了想要改变现状的强烈意愿。

明代思想家吕坤说：“贫不足羞，可羞是贫而无志。”若是一个人缺乏斗志，只会夸口而没有真正的实力，连自己都无法照顾好，怎么可能回报和馈赠他人呢？

于是韩信清醒过来，开始奋发向上，历经艰险困苦，终于成为汉代功名显赫的大将军，最后也实现了对老太太重谢的承诺。我们不禁庆幸，要是老太太是一个温柔贤淑的人，只是对韩信说些不关痛痒的“你要上进”“你要努力”之类的话，那么当时那个浪荡的韩信会那么快找到人生的坐标，并朝着这个方向出发吗？

被人嘲讽是非常难堪的事情，最好的方法就是将它有效地消化，成为一个激发你开拓新局面、扭转逆势的开端。

一个人处于弱势时，不要去回忆那些曾经的风光，也不要抱怨世道的不公平，更不要沦为可怜的“气球人”（处处受气，处处求人）。我们需要做的是找到失败的原因，把过去的一切打包，做成一个丰富的经验库，然后才能没有任何负担地大步前进。而沿途的重要工作就是，重拾自己的优势和信心，让别人看到你的光亮！

传说宋代名士苏轼游玩莫干山的时候，进入山腰的一座道观进香。道士见他穿着十分朴素，心想他应该是一个普通百姓，于是就异常冷漠地招呼说：“坐！”然后吩咐童子：“茶！”

苏轼落座喝茶，和道士很随意地交谈了几句。几番言语，道士发现来客气度不凡，马上请苏轼进入大殿，摆下椅子说：“请坐！”然后又吩咐童子：“敬茶！”

苏轼继续和道士攀谈，口中妙语连珠，讲得道士啧啧赞叹不已，忍不住打听起来客的名字。苏轼微笑着说：“小官是杭州通判苏子瞻。”道士闻言立即起身，请苏轼进入一间静雅的客厅，并态度恭顺地说：“请上座！”再次吩咐童子：“敬香茶！”

最后，苏轼准备告辞了，道士请求留下墨宝。苏轼思忖片刻，联想起道士的种种态度，于是写下了一副著名的对联：“坐请坐请上座，茶敬茶敬香茶”。

苏轼有相当的阅历和涵养，当他遭受别人的轻视时，并没有暴跳如雷、大发脾气，而是很自然地该做什么就做什么，不去在意别人的态度。道士最后终于知道了苏轼的才华，继而感到羞愧。

别人的不友善举止是别人的错误。但是，我们可以尽力提升自己的形象和价值。

俄国文豪屠格涅夫曾说：“先相信你自己，然后别人才会相信你。”如果连你自己都轻视自己了，那你要如何得到别人的尊重呢?

大家都知道，一个人最终能否实现目标或者达到成功，必须倚仗很多因素，其中自身的条件是最为重要的。如果你本身就是一颗钻石，不巧被遗失在一个沙滩上，被人们当作沙砾来看待，那么，只要你不灰心，不慌乱，耐心等待一次次潮来潮去，最后你的光亮肯定可以吸引每一个人的目光。

因此，如果你真的是钻石，在被埋没的时候，请不要做无谓的哀叹，坚定地保存闪亮的梦想吧，相信有一天你一定可以吸引众人的目光。

你都不爱自己，谁来爱你

[1]

同学聚会过后，朋友跟我说，好多同学都显得苍老了，相貌、精气神都没法跟年轻时比。

我说，谁也没有长生不老药，谁也不能阻挡时光的流逝。

以前我也会经常感慨时光的流逝，但是现在的我，从来不这样认为，我总是看未来。

我相信，未来的某天，当我变成耄耋老人，满头银发，翻看现在的照片时，一定会说："你看我那时候多年轻。"

很多人愿意回顾过去，和过去比较，总是感慨自己浪费了多少好时光，却没有意识到，在这种感慨中，好时光又悄悄溜走了很多。

所以对于未来来讲，现在的我一定是最好的我。因此，我们不需要总是向过去看，过去的已经过去了，除非为了总结经验，没必要回头。

我们只有珍惜现在，只有爱上现在的自己，才能在未来看到更美好的自己。

[2]

看到朋友萍萍在朋友圈发的家庭日历。30天中，每周都有三四天写着加班，且三个星期六写着加班，还有一周三天写着婷婷生病。日历旁边写道，这个月除了加班就是争吵。

婷婷是她女儿，而她的工作，我知道很轻松，根本就没有加班。随便想想就知道，那个加班的人是她老公。

可是还是有很多好事儿的朋友问，谁加班呀？果然，萍萍回复说是家里那位。

萍萍是我眼中温柔的女性，做事有条不紊，说话慢条斯理，但是她在家却有泼辣作风。

因为父母都不在身边，孩子全是她一个人带，是家务活的主力，我经常在下班路上，看着她要么抱着孩子要么领着孩子提着大包小包的菜往小区里走。

她经常在朋友圈里晒厨房手艺和带娃经历，很懂得经营自己的生活。

最近听说她老公新升了职，应酬很多。看到她晒的日历，我立刻神同步脑补了其他的画面。

一个辛辛苦苦带娃的妈，到幼儿园接完孩子，菜场里买菜，然后回家做晚饭，边做家务，边陪孩子做游戏，哄完孩子睡觉，还要等老公回家。

如果老公喝得少还好，如果喝多了，还得帮他清理，然后第二天，要么面临冷战，要么争吵。

女人当了妈妈，总有很多放不下，于是时间被抢占，被分割了。

时间久了，女人常被磨得没有理想了，成了那个在家等男人回家、等孩子放学的人，就像门上贴的门神。

那写在日历上的每一个“加班”是带着多少期待和多少幽怨啊。一个人带娃的委屈，一个人做家务的委屈，一个人支撑着孤独夜晚的委屈。

属于两个人的烦琐如果由两个人共同分担，可能会变成一种诗意的享受，如今却要一个人独自肩负，那就变成了负担。所以萍萍说最近除了老公加班就是和老公吵架。

有了委屈当然需要发泄，女人也不是钢铁侠，什么都能自己扛。尤其是在这种奉献自己，求得认可的过程中，慢慢地失去了自己。

人的时间总是有限的，管得了这个，就顾不上那个，想着这些烦琐的家务，就没有时间想梦想，就没有时间爱自己。

萍萍比我小几岁，她一定没有意识到，现在的时光很重要，如果她不好好利用现在，只在等待老公回家的孤独和寂寞中慢慢消耗时光，将来一定会后悔虚度了现在的好时光。

她应该好好利用这段时光来提升自己，来爱自己。

[3]

所谓爱自己，不光是把自己打扮得漂漂亮亮，还要经营自己，让自己可以因为实力而获得尊重。

好好利用这段时光来经营现在的自己。

我另一个女朋友，老公工作非常忙，经常出差应酬。但是她把时间安排得井井有条，甚至安排得比老公还忙碌。

她每周带着孩子和朋友打一次羽毛球，每月陪孩子读一本书。

孩子写字画画的时候，她就写作。

如今她的第二本书已经写完了，马上出版，而她又在马不停蹄地策划第三本书。

如果你不爱上现在的你，不经营现在的你，哪有可能在未来看到更美好的自己。

[4]

爱情，是两个人彼此相爱。两个人应该因为爱情而看到更好的自己，更幸福的自己。

任何一方的不幸福，都不应该是爱情应有的模样。

因为和萍萍很谈得来，所以，我找了个机会跟萍萍说了作家朋友的事。我告诉她，老公不在家，如果眼巴巴地瞅着表，等着他回家，反而更焦虑，不如利用这段时间好好充充电，赶紧把经济师的证书拿下来。

萍萍说，确实是这样，她也意识到了，再这样下去，她也要得病了，得赶紧找个寄托。

萍萍的聪明在于善于向别人请教，善于听别人劝，所以我也觉得她一定能处理好婚姻中的问题。

女人在进入婚姻之后，往往为了家庭奉献了很多，得到很多的同时，也失去了很多。

如果女人不懂得爱惜自己，任由爱情以爱情之名消耗自己的时光，任由爱情以爱情之名扼杀自己的理想，那么等待自己的不一定是美好的未来。

在那些孤独的时光里，要学会爱，不光是爱孩子、爱丈夫，更要学会爱现在的自己。

只有这样，才会拥有美好的未来，拥有有实力的未来，才会在未来看到更美好的自己。

别让你的情绪泛滥成灾

24岁的小艳，是我的工作伙伴之一。她做事很积极，人也很甜美，和她一起工作是件愉快的事情。然而，当我进入她的QQ空间时，我看到她的另一面。

她常在烦恼一些事情，比如男友对她说的某一句话，或同事对她的某个似乎不太友善的举动，或自己讲错的一句话，或某件事似乎没做得很好……

有天，她写着："明明知道这样做没用，但就是一直在烦，好烦，好烦……"我那天大概也太闲，忍不住留言给她："嘿，送你一句话消除烦恼，那就是，别太在意自己的烦恼。"

我年轻时，也跟她一样，有好多烦恼。

烦男友不够爱我，烦自己将来会不够有出息，烦明天的新工作可能会无法胜任，烦别人不是真的喜欢我。

其实那个时候，该烦恼的事情实在没有现在多，做的事也比现在少很多。

后来我总结，一个人的烦恼常和行动力成反比，你越有行动力，就越不容易烦恼。

烦起来，会不由自主地有点抓狂，不是自己所能控制的，但为了不让其引燃或制造其他的烦恼，我还是会告诫自己："不要太在意自己的烦恼。"

有时候这句话会变成："不要太在意自己的痛苦。很多痛苦是因为想太多了。"

有的烦恼是自找麻烦，比如他到底爱不爱我，他们是否真喜欢我。

有的烦恼是杞人忧天，比如地球会不会毁灭，天会不会老。

有的烦恼你现在烦也没用，比如会不会有地震、海啸，明天已确定的旅行会不会碰上大塞车。

有时花时间烦恼不如花时间努力，比如考试会不会过关，企划案会不会获得青睐，比赛会不会赢，退休时会不会有足够的退休金。

有的烦恼非常细微，明明是鸡毛蒜皮的小事，你却当大事来折腾。

总之，与其烦恼不如学会解决问题。

要烦恼前，请先想想值不值得烦恼。情绪泛滥，铁定是烦恼的头号杀手。

亲爱的，你得有点担当

[1]

跟女友聊起婚姻，我说，我曾经是个怨妇。她瞪大眼：“怎么可能？你明明是女王范儿啊。”

而事实上，在我近十年婚龄中，有两年时间，我真的活成了怨妇。

那时初为人母，种种艰辛令我牢骚满腹，感情岌岌可危。儿子一场病，成了压倒婚姻的最后一根稻草。

2012年元旦，一岁多的儿子被父母带回老家暂住。年底是我工作最忙的阶段，几乎整月出差。

元旦三天假期我赶回老家看儿子，不料当晚儿子突发急症住院。我急得哭到半夜，给老公打电话，让他与公婆次日一早从青岛赶来。

但在当晚的电话里，我们对治疗意见产生分歧，加之第二天将近中午他们才到，我怒不可遏，在医院大厅几乎如泼妇一般爆发。

那一刻的感觉，就是世界末日。

我只有一个念头：等儿子病好出院，立即离婚。

当全家与主治医师确定好治疗方案，安排好所有手续，我走出医院站在街头，呼啸的北风里，看到他们全家心安理得去吃饭，我心如死灰。掏出手机打给闺蜜，让她帮我下载离婚协议。

那一刻的怨恨，至今回想仍不寒而栗。

[2]

五天后儿子出院，又被交叉传染开始咳嗽，反反复复直到春节。婚当然没离成，我却在不觉间正式启动了怨妇模式。

我找各种机会出差。

一回到青岛，就开始冷战，不接受任何道歉。我练就了最大的本事——要么绝不开口，一开口就风刀霜剑。

他讲笑话试图活跃氛围，我冷冷回击："有什么好笑的？只有你这种没良心的人才笑得出来。"

他岔开话题想转移情绪，我不依不饶："少扯没用的，早跟你过够了。"

他求和示好，我打击报复："以为道个歉就没事了，让我原谅，想都别想。"

他表达关心，我断然拒绝："少来这套，留着给别人吧。"

他怎么做都不正确。我怎么过都不快乐。

终于有一天他忍无可忍："你在家成天拉着脸，说话永远用降调，爸妈孩子都能看见，你觉得这样好吗？"

我再次山崩地裂地爆发："你还有脸说我？什么原因你不知道吗？你若是对我够好，我至于这样吗？你付出过多少，你为这个家做过什么？……"

强大的负能量像一个巨大黑洞，终于将我吞噬。

我开始日夜后悔，后悔为他放弃原来的城市和多年的圈子，后悔怀胎十月度日如年给他生了孩子。后悔告别逍遥单身来与他节衣缩食地过日子。

悔有多深，怨就有多重。

[3]

我总在找机会报复——他在家，我就出差。他出差，我就在家。而等他出差回来，我势必要找碴吵一架，然后拍屁股走人。

我们就这样成了聚少离多的错时夫妻，感情一如家中冰冷的空气。

每当我回到最熟悉的旧城市，最爱干的事就是与闺蜜彻夜吐槽倒苦水。

当我撸着烤串喝着啤酒，第108次对着闺蜜昕，发泄我对那个男人永无止境的不满，讨伐他在儿子生病期间让我失望透顶的种种行径时，昕放下手里的羊腰子，定定地看着我："你放弃那么多调去青岛，就是为了过这种日子吗？"

"所以我过够了，想离婚。"

"且别说离不离，孩子的事已经过去这么久了，早就健健康康的了，就算当时是他不对，但你总是过不去这道坎，这件事，就是插在你心头的一把刀，你每回忆一次，它就捅你一次，伤的都是你自己。"

昕是修佛之人，比我通透得多。

"你不能总这样，学会原谅别人，其实是放过你自己。"

我的泪夺眶而出，滴在啤酒杯里。

我不是不懂这道理，却纵容自己陷在怨怼里，把自己折磨成这副样子。

不识怨妇真面目，只缘已是怨妇身。

[4]

我曾以为怨妇的可悲只是牢骚和抱怨，其实更可怕的，是将自己推向暗无天日的死循环。

那晚我一夜未睡。纵然他伤了我，这伤口也并非不能愈合。只是我自己不肯，非要一次次揭开那个痂，让它再度皮开肉绽鲜血淋淋，我就有理由继续指责继续埋怨。

我个性太硬，浑身是刺，不肯放过别人，却也从未饶过自己。

这一切苦的源头其实皆在我。那么然后呢？

就此甘当怨妇，最后不知所终吗？

继续拿闺蜜当垃圾筒，直到惹她们厌弃吗？

用别人的错误惩罚自己，血肉模糊也在所不惜吗？

深夜里我问自己：这条路还要不要走下去？如果要，就去解决，就去承担。

结婚生子、调动工作、告别曾经的城市、放弃单身生活，每一步都是我自己的决定，从来无人逼迫。而当婚姻遭遇问题，我把这一切都推向“为了他才这么做”，把自己变成一个牺牲者。

我找到了怨恨的根源——受害者心态。

女人一旦有了这种执念，便开始丧失自我，逃避责任，将一切结果统统归咎于他人。

一念女王，一念怨妇。

[5]

我用很长的时间去做自我救赎。沟通、调整、包容、适应。

当我终于挣扎着走出绝望深渊，活成自己想要的样子，再回头看这段来路，才彻底意识到，女王与怨妇，真正的区别只在于一点：

女王永远是担当者心态：我所选，我负责，兵来将挡水来土掩，身陷低谷也努力爬坡，永远保持对自己人生的控股权。

怨妇永远是受害者心态：我有今天全是你害的，若不是因为你，我也不至于到这般田地，我为你牺牲这么多，你却如此对我，良心都被狗吃了。

两种心态，决定了两种截然相反的人生方向。

这就是为什么，女王越活越好，即使万箭穿心依然光芒万丈，身在沙漠也能长成行走的玫瑰。

而怨妇越过越累，抓一手好牌也打得稀烂，嫁什么人都活得像嫁了渣男。

女王比强，怨妇比惨。女王总是神清气爽光彩照人，怨妇永远愁眉紧锁悲悲切切。

你选择成为谁，就决定了你遇见谁。

当一个女人有足够的勇气担负起自己，人生就再也不会被谁牵制。自己选的路，前面是河就去趟，前面是山就是去翻。男人再也不是决定此生幸福的唯一标准。

你能站在人生主场，成为自己的太阳，才能斩钉截铁地告别怨妇，享受女王的快意人生——不会爱的教会他去爱，不够好的引导他变好。

亲爱的姑娘，从怨妇到女王的路，最重要的只有一步，就是自我担当。

你的人生如何全由你自己掌控

去年，应大学班主任邀请，跟几位学弟学妹们进行了一次毕业前的交流。期间，有学妹问了一个特有代表性的问题：在现在的社会上，做什么工作更有前途？

看着那一张张尚未退却稚嫩的脸，置身于熟悉却又陌生的教室里，让我不由得想起自己十年前的样子。那时的我，也在思考着同样的问题。

不是做什么有前途，是怎么做才有前途。

记得那次，我接到了一家地产公司的面试通知，宿舍里的姐妹们就开始议论。当时跟我们同住的还有一位下届的学妹，她开口就说："姐，地产行业有前途啊，听说那些卖房子的，开张能吃半年呢！"

学妹说得没错。我的一位初中同学，在北京的一家房地产公司做业务经理，前几年靠自己打拼，买了车和房。虽然也背着贷款，可白手起家的年轻人，能单枪匹马地凑够首付，在这个时代里也可以称为英雄了。

我去那家公司面试的不是业务，是后勤助理，但工资也跟业绩挂钩。面试时，老板坦然告知，做这行压力大，尤其是业务员，做不出业绩的话，每个月就只能拿最少的底薪——1000块钱，能否生活下去都是个未知数。

最终，我没有选择房地产行业，而是去做了电子商务。那会儿，都说IT产业很赚钱，我们公司里拿高薪的人不少。我的两位部门主管，底薪和提成加起来每个月都有八九千，七八年前的这个工资，算是不低了。需要特别强调的是，供给他们高薪的，真不是那个主管头衔带来的职位工资，而是让我可望而不可即的业绩。

就说我的主管潘先生吧，他负责的渠道，一个月能卖出700多台电脑。这样的大单，老板都不好意思用“提成”来给他算，直接按利润的比例四六开，给了他一个大头儿。当我听见新来的业务员窃窃私语抱怨钱少的时候，我都在默默摇头：只想要高薪，却不知道该用什么去换高薪的人，只有在原地羡慕别人的份儿。

可以说，我对工作和前途的认识，恰恰是从那时起开始转变的。

选择工作时，多数人愿意挑那些体面、薪资高的，觉着说出去有面子，看起来也更有前途。若是工作环境差点儿、公司规模小点儿，心思和兴趣就不大，好像这工作不如人，没发展。其实呢？工作哪儿有什么好与坏，真正有别的是我们的态度。

卖房子很辛苦，卖电脑也不易，特别是当很少的底薪和每天联系客户的疲累不成正比的时候，多数人都觉着这差事没法做。可你也看到了，有些人在这件事上做得很用心，最终拿到了比底薪高出10倍的提成。你能说，卖房子、卖电脑没前途吗？

我要说，有没有前途，真不在于做什么，而在于你怎么做。

有学妹说，她是一个胆子特小的人，害怕面对挑战，就想求一份安稳的工作，问我有什么好的建议没有？这问题很难回答，我只能说，任何的安稳都是相对的。选择考公务员，进入机关事业单位工作，是一条很不错的出路，可这里有一个关键的问题：今后你打算怎么做？

朋友P毕业后进了电厂，工作很清闲，每天的工作任务有限，花两个小时就搞定了，剩余的时间随意安排，喝茶看报、上网聊天，没人刻意监督你。朋友P还是挺高兴的，轻轻松松就能拿工资，比起在私企里累死累活工作的兄弟，说自己幸福，一点儿也不为过。

前年，电厂效益不太好，裁掉了一批员工，P在办公室工作，虽然安全躲过了裁员的风暴，但工资被降了。他曾以为光明无限的生活，顿时来了一场乌云压顶。P生活在三线城市，如今到手的工资不足3000元。P也是一个有才情的人，问我能否介绍一些编辑给他认识，也想试着在业余时间写写稿子。结果，稿子是接到了，却又告诉我，习惯了懒散的状态，突然有了压力，还真的有点不适应……然后，就没有然后了。

现在你问我，做什么工作有前途？我想说的是，做什么工作都有前途，关键看你怎么去做。私企打拼也好，事业单位生存也罢，有一个事实是明摆着的，任何工作都不可能像看韩剧、吃爆米花一样美好，它单调与否、有前途与否，完全取决于你做它时的心境和态度。

日出日落，朝朝暮暮，你内心所秉持的态度，直接决定着你的思想是更开阔，还是更狭隘；决定着你的人生会更出彩，还是一塌糊涂。一切，由你掌控。

你的生活从来与年龄无关

前不久买了一桶星球杯，周末回家就带回去吃。我一边蜷缩在沙发上，一边用小勺子舀星球杯里面沾了巧克力酱的小饼干粒，吃得美滋滋。老妈转过头看了我一眼，笑我说，这么大人了还吃这东西。我说，怎么啦，好吃啊。我知道老妈的言下之意是你都快30岁了，还吃这种小朋友吃的零食。

今天和老公一起出门散步，我突然一跳一跳地蹦跶到他前面去了，他乐坏了，笑出来，我才意识到自己的行为。我从小就爱蹦蹦跳跳走路，但是随着年龄的增长我越来越克制自己的这种习惯。老公倒不是笑话我，但我也不好意再跳了，好吧，一个将近30的女人这样的行为确实不适合。

工作以后，经常会给老妈买衣服。她总有很多禁忌，颜色艳丽的不要，款式新颖的不要，领子大的不要……她总是会说，这个不适合我，我都这个年纪了穿不出去的。

生活中总是有很多像我老妈那样被自己年龄束缚住的人。零食没有标注是儿童款的还是成人款的，但是她们清楚这些零食就是给小孩吃的。衣服哪怕并没有标明适合的年龄范围，但是她们觉得自己的年龄已经不合适了，这是再年轻一点的人穿的。

我记得有次把我婆婆的照片给我表妹看，我说我婆婆特别年轻，50几岁的人看起来像40出头。表妹看了一眼照片说我不是很喜欢她的平刘海，不太适合她这个年纪。实话说，平刘海确实年轻人剪得比较多，像婆婆这样年龄段的剪平刘海的确实很少。但是，平刘海在婆婆身上，却真的毫无违和感，还显得既年轻又有活力呢。

但是在我们生活中，太多的女人局限于自己的年龄，人尚未老去心却早已老矣，再也不愿意去接受新事物，把自己打扮成她们认为的那个年龄段该有的样子，过着她们认为的那个年龄段该过的生活，在她们自认为的那个年龄段的该有的各种条条框框中故步自封，哪怕她们有那么一时对某一件事物或者某一件事生出了些许的兴趣，在心里荡起了一点涟漪，也是转瞬即逝，大多被“我都这个年龄了，不合适”的心理暗示给统统浇灭了。

就像我姑姑一直不会开车，她每次出门都让姑父接送，我跟她说姑姑你也可以去学车啊，这样自己出行方便多了。姑姑立马说，我都这么大年纪了，还学什么啊。其实姑姑才50出头，学车根本不成问题。

单位有个同事，外表保养得相当不错，50来岁的人看起来像40左右，但是经常挂在嘴边的就是例如“星巴克、哈根达斯这种地方，你们年轻人可以去，我们老了不适合去”这样的话语。

我非常喜欢一个女演员，那就是许晴，其实我并没有看过她的多少作品，并不是因为她的演技而喜欢她，吸引我的是她美丽的外表，特别是她透露出来的那种少见的清新气质。一个年近50的女人，她的一颦一笑流露出来的天真率性，竟然是那么自然，甚至还带点小女孩的可爱。她看起来还是如少女般那样明媚自然，但又不失成熟女人的那种温暖大气。

在《花儿与少年》的真人秀里，我们看到了一个这样的许晴，家里贴满了Hello kitty，每晚需要Hello kitty公仔陪睡……她会不好意思地说：“嘻嘻，我好喜欢Hello kitty。”

我想作为女人最好的生活方式就是不刻意去记住年龄，也不过度去在意年龄，无论什么时候，都保持对生活的乐趣，保持对生命的热忱，活出自我。

摩西奶奶80岁在纽约开了个人画展，引起了轰动。法国女人从来不忌讳年龄，老了也打扮时髦，穿细脚高跟鞋，美丽优雅一辈子。哪怕年华老去内心依然保持对生活的热情，不断更新自己的生命历程。

什么事无论何时开始都不怕迟，怕的就是一颗已经衰老的心，不被年龄所累，要对生活永葆热爱之情。

虽然我们都知道谁都无法阻止年华的逝去，谁都留不住青春岁月，但是无龄感的生活方式能让我们一直保持年轻的心理状态，在接纳自己真实年龄的同时，仍然能够保持对美好生活的追求，仍然愿意去倾听自己内心的真实的想法，仍然愿意去尝试新事物，不受年龄的局限，去做想做的事，去体验想体验的人生。

你想要的生活不会凭空而来

一天工作结束下来，望着外面大雨滂沱，想辞职的念头再次袭来。在公司旁边的咖啡店，我遇见了公司的总监，他正坐在落地窗前看书。这么多年来，对总监的印象就是每次遇见他时，他都在看书学习。一直以来，他都是我们的榜样，公司每个人都很喜欢与他交流，说说心里话。

我告诉他，自己想辞职了，在这个公司待了3年，觉得没有成长的空间，也觉得有些疲惫、茫然，找不到方向。

他问我："还记得当初进公司时的初心吗？我面试你的时候，你说过的那些愿望都实现了吗？"

我记得当时自己野心勃勃地说：我要成为更好的自己。

他说，这个愿望太模糊，你得具体一些，再思考一下。

我清晰地记得当时自己说："希望三五年后自己晋升，加薪，出书，读完北京电影学院文学系的在职研究生……"

经他提醒，我才发现自己实现了前面三个计划，但读研的计划却一拖再拖。

总监问我："有没有想过过更酷的生活？"

"想过，但仔细想想很难实现啊！比如，我想成为一个职业编剧，每天坐在咖啡馆里写故事，讲故事给别人听，比如我期待自由，所有的时间都可以被自己掌控，而不是被他人来安排……"

总监说：“你可以的，但你要成为这个自由者，不一定是通过辞职来实现的，你继续努力，等成为那个自由者时，自然就知道怎么做了。所以，你还没有走到该辞职的时候啊，如果只是加薪，我可以满足你。”

这次聊天对我深刻影响很大，最初做这份工作的初心，我对这份工作的期待，还有我的人生规划，茫然地走了那么久，我还记得多少呢，走在职场的路上，我还在坚持吗？

曾亲眼看到很多人辞职，找到新的工作，又辞职，又找到新工作，除了薪水的提升，我们还需要什么来支撑呢？换工作，换的肯定不是新鲜感，而是一种更好的工作体验，一个更好的成长空间，一个与梦想越来越近的距离……总结起来，我们想要的是一段更酷的人生，可你可以拿什么来交换呢？

总监毕业于清华美术学院建筑系，后来又前往法国读研究生，毕业后回国跟随老板创业，身居创意总监一职。只看他的履历，会觉得他无限光彩，他却告诉我，自己来自福建的某个小城，为了今天的生活，付出了很多。

现在令他记忆最深的是去法国读研的那几年，很多个雨夜，他被困在机场无法回家，窗外的空荡荡的机坪，偶尔轰鸣飞过的飞机，仿佛都与自己无关。足足3年，他觉得自己是被隔离的，被人群，被这座城市，被这个世界。

法国啊，在我们的心中，是浪漫，是慵懒，是艺术的故乡，可他眼中只有满满的忧伤与失落。一些同学来了，一些同学又走了，3年后，他还站在这里，与3年前不同的是，他收获了据说很难拿到的毕业证，还可以说一口流利的法语。

法国啊，在他看来，走过的每一个人都幸福满满，街头鲜花映照的温馨，也不过是异乡的冷漠。这里的一切都不是他的想象，他却一步步走下来了，因为他明白，为了自由的生活，他注定要努力再努力。

毕业后，他选择回国创业，每次面试时，他都会问对方的梦想是什么，3

年后想做什么，5年的规划是什么；为了得到这些，愿意拿什么来交换。

面试者面对这个问题，有回答很认真的，也有敷衍了事的，总监却会认真地倾听，甚至会告诉别人怎么去做、去实现。但交谈的最后，他一定会强调，拿你辛苦的生活，去交换梦想吧，现在看不出来，以后会觉得很值。

总监每次都是光彩靓丽地出现在甲方面前，所有人看到的只是他衣着优雅的高贵模样，却鲜有人看到他办公桌抽屉里永远备着胃病的止痛药。他永远是办公室里最拼命的人，虽然他早已不需要这么做，也已是业界著名的设计师。他觉得自由如此珍贵，以至于他不敢松懈。他小心翼翼地将那份自由放在心里，并呵护它……

如今，他最怀念的不过是法国街头那个瘦弱的中国少年，他穿着白色的衬衣，拿着画板画画，他并不知道自己何时才能拥有很酷的人生，但他并不茫然。因为他比任何人都清楚，他要积攒很久很久，要走很远很远的路，才能有更酷的人生。

每一个你，有梦想也好，没有也罢，不妨问问自己，你愿意拿多少努力，来获得你所想要的人生呢？

毕竟你想要的美好生活不会凭空而来，它往往会在你筋疲力尽时，悄然而至。每一个筋疲力尽的时刻，才是对你的真正考验。

有想法，有魄力，你才能走得更远

1984年，尹志强出生在云南玉溪一个贫穷的山里人家，因为家境贫困，从小时候起，穿哥哥姐姐们穿旧的衣服和鞋子成了他唯一的选择。衣服大点小点还能将就，可鞋子一旦不合脚，那种滋味就相当难受了。所以，从小，他最大的愿望就是拥有属于自己的一双合脚的鞋子。

2002年9月，他开始了自己的大学生活，贫寒的家境不能为他提供学费和生活费，为了继续学业，他卖过各式各样的小玩意儿，可能是那个童年梦想的支撑，他最喜欢并一直坚持着做的，就是卖鞋。由于和一个做外贸鞋的泉州人成了朋友，他经常能得到一些加工厂剩下的外贸尾单鞋，他在淘宝网上开家小店，通过代理的形式替那人卖鞋，收入还说得过去。

可是他的好日子并没有维持多久，在他读大三时，学校领导在查宿舍时意外发现了他零在床下的鞋子，领导给了他两条，要么上学不卖鞋，要么退学卖鞋。权衡再三之后，他做出的决定让领导都觉得意外：退学卖鞋！

退学之后的第二天，他带着身上仅有的1000多元钱来到了泉州，投奔那位朋友。在朋友的帮助下，他直接跟当地的工厂搭上了线，开始了工厂预订外贸鞋、网上贩卖尾单货的创业之路。凭着对做鞋生意的热忱、对网店的巧妙利用，以及外贸尾货的低价，他的外贸鞋生意越来越红火，网店开业半年后，平均一天能卖出四五百双。一年后，网占的规模也很快从个人店发展到有40多名员工的大店。

虽说试水之旅相当成功，但他很快就发现了尾单鞋的种种弊端：外贸尾单不稳定，质量难以保证，利润太低，转手买卖，和搬运工没什么区别等，这使他意识到做外贸货绝非长久之计。

经过一番详细的市场调查后，他发现，国内暂时还没有成熟的男士休闲鞋品牌，而外国的几个大品牌的价位又偏高，超过了年轻人的消费能力，他当即兴奋地决定：进军年轻人休闲鞋领域！为了实现品牌梦，他竟然放弃了福建，转战广州。因为广州是传统制造业生长的摇篮，这里有许多中小规模的加工厂，其流水化作业程度不是很高，有些环节还要靠手工，虽然这样的增加了生产成本，但也为小批量生产提供了可能，而且设计和质量比福建还要好一个档次。他看中也正是这一点。当他将自己的决定公之于众后，反对声此起彼伏，反对的人说破了嘴皮子，但他却咬紧牙关不松口："有破才有立，如果不破，我们最终只会走向死亡。"僵持的结果是，2008年底，他放弃福建所有的一切，带着18个员工和60万资金直奔广州。

开赴广州后，他火速注册了自创品牌"mr·ing"，并迅速在淘宝商城上设立了"羊皮堂男鞋专营店"，专卖"mr·ing"的鞋子。

与此同时，他开始寻找合适的合作伙伴。这时，一位朋友介绍一家佛山的鞋厂。这家鞋厂只有50多人，但一直外做贸订单，工艺精细。得知消息，他便找上门去，虽然对方给出的条件并不优惠，他随便转转就可以很轻松地找到了价格比它家低三五元的工厂。不过，他并没有贸然拒绝，而是仔仔细细地查看了对方的加工车间、鞋品质量、订单客户，转了一圈后，他毫不犹豫地签下了合同："虽然你们的价格高，但我更看重的是长期稳定的合作，因此我宁愿付出高价来保证品牌形象。"

这种让利于厂、合作共赢的模式很快也给他带来了实实在在的好处。他不但做到了和工厂平起平坐，还做到了"我怎么说工厂就怎么做"。别人要

300双才能开版，而他只要60双工厂就给做；别人打个版要10天，他打个版只要3天；别人都是预付30%定金工厂才给开工，他可以做到先货后款，付款期甚至跟支付宝到账周期是一致的。工厂不仅承诺任何质量问题统统接受无条件返工，甚至还想办法提供自己的工艺水平，给他设计新型提供有效的信息。

然而新品牌的成长毕竟不是一朝一夕之功，他需要再次建立自己的稳定客户群，所以一开始，“mr·ing”的销售很不乐观，每天只能卖出二三十双。仓库里堆满了杂七杂八的款式，每样剩余几双、几十双，压了资金近100万。

偶然的转机出现在2009年5月。这时，他开发了一款货号091的透气鞋，由于这款鞋轻、薄、透、软，穿着非常舒适，首批的60双一经推出就被抢购一空，随后每天的订货量都在500双以上，最终创下了10万双的销量！并同时带动了其他鞋款的销售，他也因此获封“淘宝鞋神”，在年底被媒体评为“2009年尹志强淘宝现象”。

这次意外的成功没让他大刀阔斧地扩张，相反，他却受其启发，果断地砍掉了大部分鞋款，转而采用“单品制胜”的营销策略，并以二八法则打响品牌。也就是说，通过20%的有代表性的产品投放市场，完成80%的销售额的策略，并实现品牌传播和原始积累。

在很多人看来，这种早被视为落伍的销售手段风险极大，但他却再次坚持了自己的理念。事实证明，这种“集中优势兵力打歼灭战”的销售法则相当有效。因为款式少，销量大，所以没有库存，甚至鞋子还在工厂就被卖了，一天的平均销量达到2000多双，占到淘宝鞋类销售的3%到4%。仅2010年5月推出的“阮清风”系列情侣鞋，在秒杀活动中，4个小时内就卖出7800双，当天销售突破1万双。

mr·ing在淘宝网男鞋品牌销售中一直名列前茅，实力大增让他的“谋士”有了更多的他是意。因为合作的加工厂基本上等同于自己的工厂，所以不断有人提议直接收购或接管工厂，以降低生产成本更方便地为进一步扩张做准备。但他毫不犹豫地拒绝了：“我不想分散经营重点，更不愿插手不熟悉的领域，能形成稳定的生产、销售供应链就够了。”

与此同时，他还回绝了做其他鞋类的建议。“mr・ing只做男鞋，而且做男鞋当中的休闲鞋，目标是成为中国男士休闲鞋第一品牌。女鞋不碰，运动鞋示碰，童鞋不碰，服装更不碰。”

现在他不仅拥有了5家外发加工厂，还拥有了二三十家经销商，平均一天的销量，基本在2000多双以上。2009年销售额达到3000万元，及至2010年，前三季他就实现盈利5000万元，年终同比翻三倍，销售额直冲亿元。

尹志强认为自己的成功只与两个字有关，那就是魄力。他说魄力有时并不一定体现在你敢于干什么，更大的魄力其实是你敢于不干什么。有想法，有魄力，志存高远又脚踏实地，尹志强能走到今天，那便是自然而然的事了！

站在让大家都看得到你的地方发光

从大四下半年开始，我穿梭于各种人才招聘会，给每一个摊位送上应聘材料，作自我介绍，留下联系电话，然后回学校等通知。令人失望的是，基本上是剃头挑子一头热，肯回信的公司寥寥无几，偶尔去参加面试也是陪太子读书，不是竞争对手过于强悍，就是岗位人选早就被内定了。

半年奔波下来，已经毕业的我两手空空。眼看着几个家庭颇有背景的同学在宿舍里稳坐钓鱼台，我打心眼里对“中国就是一个熟人社会”这一灰色论调有了切身的体会。

父亲打来电话，说大城市就业竞争压力自然比较大，还是实际一点，回到咱们小城里试试吧，也许会好点。再说，回到家里有住有吃的，就是暂时找不到工作也不着急。

没有办法，我只好听从父亲的建议回到家乡，但对找到一份理想的工作几乎不抱希望。我的家庭只是个普通的工人家庭，没有有权有势的亲戚朋友。我的父亲是名公交车司机，他一辈子的工作场所就是狭窄的驾驶室。一切，还要靠我自己。

每天我都买报纸看招聘广告版，但是几乎找不到跟我专业对口的岗位。在金融危机祸及全球的情况下，用人单位对招聘人员的苛刻程度超出了我的预期，更何况我学的本来就是冷门专业。后来我找了家快餐店送外卖的工作，先赚些钱，一有时间还是奔波于各种招聘会上。

让我意外的是，在去齐鲁春酒厂应聘的时候，他们的人力资源部主管竟盯着我看了好一会儿："如果我没猜错的话，你姓乔对不对？"我一边惊讶地点头，一边快速回想是否在什么场合见过他。"不用想了，我们根本没见过面。我知道你姓乔，只是因为你跟你父亲长得太像了。"我问："你认识我父亲？"他点点头："当然。"

虽然最终因为专业相差太远，我又一次遭到了淘汰，但父亲也有熟人这一事实让我对自己的前途陡然有了新的希望。回到家里我问父亲："你再想想，是否有能帮上忙的熟人？"父亲想了老半天，坚决地摇摇头："没有。真的没有。"

事实证明，父亲说了谎。海尔销售部门的一位经理就很突兀地问我："你父亲还在开4路公交车吗？"我回答说开4路公交车已经是很早以前的事了，后来他又开过32路、16路，50岁那年公司调整，让他到后勤部门工作了。他点点头："是啊，日子过得很快，十几年前的事了。"

灵光一现，我及时抓住这根救命稻草套近乎："我父亲还经常跟我提起您呢。"他哈哈大笑："怎么会呢？我认识他，他却并不认识我。"

虽然我碰了一鼻子灰，但在随后的招聘程序中他仍对我很是关照，最终，我顺利得到了那份工作。在以后的工作中，他时不时地鼓励我："有其父必有其子，你父亲就是一个热情勤恳的人，我相信你也错不了。"回到家里跟父亲谈起部门经理，他还是沉吟了半天摇摇头："真的不认识。"

渐渐跟经理熟悉了，我忍不住提出心中的那个疑问："你真的认识我父亲？"他点点头："是啊，当年我几乎每天都坐他开的车呢。他不就是那个乘客上车就说'早上好'，下车时会说'一路平安'的乔师傅吗？那个时候，我们这些乘客都特别喜欢他，像他这样彬彬有礼的公交车司机，恐怕在整个青岛都绝无仅有的吧？每天坐他开的车，心情也格外好。你的样子，跟他年轻时很像，所以一见面我就认出了你。”

原来父亲的热情爽朗，以及对工作的无比热爱，感染了身边的每一名乘客。就是从那以后，我开始对遇到的每一个人微笑，跟大楼的保安打招呼，跟小区的大妈拉家常，跟每一名客户或非客户彬彬有礼，给每个认识或不认识的人以尽可能的帮助。我想这应该感谢我的父亲，是他以实际行动告诉了我：你不可能认识每一个人，但有可能让每一个人都认识你。

不要光顾着羡慕，却无动于衷

朋友送我一本书，她在扉页上抄写书中的一句话：“当你全心全意梦想着什么的时候，整个宇宙都会协同起来，助你实现自己的心愿。”深有所感。其实这个世界上存在很多不可思议，只不过奇妙的事情并不常常发生，不然就太没劲了。

梦想实现的前提是，你想去做，无关强迫，无关刻意，甚至要带着点虔诚，真真实实地出自内心。

在过去的很长一段时间里，我对自己感到失望，因为一直以来活得太“乖”了。换句话说，就像《七月与安生》里的七月站在学校各种社团的招新海报前忽然变得无所适从：“我忽然发现，自己是个很没趣的人。”

初中的时候，每日学校和家两点一线，没有太多课余活动，没有太多兴趣爱好。同班同学叫我去露营，我觉得晚就拒绝；大家叫我去吃饭，我觉得人多太吵也拒绝；有男同学偷偷塞情书，我面无表情地撕个粉碎。听到别人讲笑话时会笑得很开心，但我永远是坐在一边傻笑的那个。轮到我讲笑话的时候，空气都变得冷起来，拼命想让场面看起来滑稽一些，却习惯性地端着掖着，怎么都和幽默无关。过于乖巧，反而失去了一个豆蔻年华女孩子应有的生动和不安。

如今的我好像不是这样子的。每当听到有人评价“和你在一起好有趣”或者“你好有意思哦”的时候，我会感动，会在内心偷笑。

虽然仍旧说不上幽默，至少，我慢慢从过去的自己中脱离出来。那些棱角与温润，都是自己帮自己打磨上色。

学校里常常有文艺演出，每次看到那些弹唱的同学专注的身影，手指灵活地在弦上翻飞，除了陶醉，还会止不住地羡慕。我曾经在半夜哭着问妈妈，为什么小时候不让我学一门乐器，这样我现在就可以多一项技能了。

我爸是英语翻译，按理说从小应该就有双语环境，但在我的记忆中，他很少和我说英文。我上小学和初中那几年，是他工作最忙的时候，有时候忙到碰不着面。需要家长签字，就把作业放在桌上，我睡了，他很晚回来给我签好字，第二天早上他走了，我把签好字的作业收进书包里。

小学六年级时的一堂英文课，老师让我们即兴用英文说一下自己周末做了些什么。我眼神飘忽，低着头，却还是倒霉地被点了起来。支支吾吾了半天，头脑一片空白，站了几分钟，最后结结巴巴地挤出了一句话。老师的一句“你下去吧”，让我的自尊心粉碎。

很长一段时间里，我把自己的无趣、没有出众的技能，怪罪到我的家庭上，埋怨父母没有为我的人生安排翔实的计划，就那么让我自顾自待着，一不小心就长到这么大了。

因为咽不下那口气，初中的一个假期，我厚着脸皮跑到桂林中心广场的英语角。桂林是个旅游城市，有很多外国人选择在这里居住养老，于是每周五晚上都会有老外在那里喝啤酒聊天。我和很多高中的哥哥姐姐一起，跟那些带着各种口音的老外交朋友。

就是在人堆里结结巴巴，把脸丢完了，然后慢慢进步，把自信又捡了回来。

很多东西，先决条件很重要，但更重要的是后天自己给自己创造的条件。你现在的样子，从很大程度上来说，是过去的自己塑造出来的。

前段时间看到一个观点，“你要学会为自己的未来花点钱。”在你能够赚钱的基础上，每个月抽出5%用于投资你的未来，虽然看起来没有多少钱，但你永远都预料不到，那点投入能给你带来多大的回报。

对于年轻的学生来说，每个月若只能剩下100块，又该怎么投资自己的未来呢？举几个例子吧：

如果你觉得自己在审美上有欠缺，怎么打扮都很土，那就订阅几本服装杂志学习一下常规配色和服装搭配，学习一下化妆和基本礼仪。一年下来，至少会让你在买衣服这件事上少走很多弯路；

如果你觉得自己头脑很空，出口无章，那就去办一张借书卡或者每个月给自己买几本书吧。认真读，仔细分析并有文字产出，还可以积极与人分享所得。一年下来，你的眼界会比之前宽广不少。

如果在十几岁时，我们是什么样的人在很大程度上受着家庭的影响，那么到了二十几岁，能决定我们变成什么样的，是我们自己。

常常有人提到蔡康永的那段话：15岁觉得学游泳难，放弃学游泳，到了18岁遇到一个你喜欢的人约你去游泳，你只好说“我不会耶。”18岁觉得学英文很难，放弃学英文，28岁出现了一个很棒但要会英文的工作，你只好说“我不会耶。”

人生前期越嫌麻烦，越懒得学，后来就越可能错过让你心动的人和事，错过风景。

天赋这件事情，本身就因人而异，从不会有绝对的公平。出身贫穷或富贵，也都不是我们可以选择的。可是每个人都有追求梦想的平等的权利，到了二十多岁，是可以给自己创造机会去改变现状的。

真心想做一件事情的时候，再大的困难也可以克服；不想做一件事情的时候，再小的阻碍也成为理由。

不要光顾着羡慕，却无动于衷。

高中的时候，对未来满怀憧憬，毕业留言里也爱写“愿你成为想成为的人”之类矫情又鸡汤的话。那个时候，只是简单的说说而已，如今却已经到了一个可以重新塑造自己的年纪，和过去说拜拜的年纪。我知道，你们的内心都有一个展翅欲飞的、隐隐而动的自己，他就藏在你的身体里，需要你打破这副驱壳，才能翩跹自由。

要记得，成为想成为的人，不要只是说说而已。

阻碍你追求梦想的，是你的惰性

我常在签名时写上“有梦就追”四个字。对我来说，有梦就追，及时地追，是我的生活态度。我总希望，在人生有限的时光中，我们的缺憾可以少一点，成就感和幸福感都可以多一点。错只错在我对“有梦就追”这几个字，解释得不够多。“有梦就追”，在实行上有它的复杂性，特别是在梦想与面包冲突的时候。

我不认为梦想与面包一定相违背，本来只想追求梦想，但后来以梦想赢得面包的人，大有人在。

追梦的本身是个赌博，但也不是单纯的赌博。你的才华愈高、想法愈周全、技术愈无懈可击、经验愈丰富、付出的努力愈多，或者人缘愈好，赢的概率就愈大。

每个人胜出的概率并不一样。

值不值得？就只有自己能判断了。赢了，通常还得感激许多懂得赏识自己的人，而输了，则没有任何理由可以怨天尤人。无论如何，我肯定人们追求梦想的决心，因为我们这一辈子，总该做些自己觉得值得的事，尽管旁人也许会发出一些名之为“关心”的杂音来阻碍追梦者的意志，但自己的人生总得自己负责。问题在于，到底你追寻的是梦，是理想，还是只是白日梦？

我钦佩那些“肯定自己的梦想后决定辞职”的追梦人，却很怕那些“辞了职才想试探自己的梦想”的妄想者。后者因为想得太简单、做事太草率，实行梦想的可能性实在太小了。

如果真的热爱写作，不必等辞职才写。等辞职才写或等辞职才想学某项专长的人，百分之九十九是在找借口脱离某个人生关卡，并不是真心追梦。这样的人，梦想失落后只会变成愤世嫉俗；花太多时间愤世嫉俗的下场，就是一事无成。

这么打比方更好懂：我们总不可能因为梦想当小提琴家，辞职后才开始学小提琴吧。

那位转任摄影师还算成功的电子新贵，在他每年领巨额红利时，摄影作品早有独特风格。变成画家的朋友，在当上班族时，本来就画得一手好画。

成功开设咖啡厅或餐厅的转业者，也都不是在开店前才学经营须知、才上烹饪班恶补的。他们早已花了经年累月的时间考察和尝试，像神农氏尝百草一样的兢兢业业。

没有任何成功追求梦想的人，是在“一念之间”成功的。

追梦是一种过程，也是一种必须逐渐建立的生活习惯，也是一种“活在当下”的感觉。谁说你要放弃一切才能追梦？也别再怨梦想与面包两相碍，其实，阻碍你追求梦想的，不是你手头食之无味、弃之可惜的面包，而是自己的惰性。

唯有努力向前，才能闯出一条新路

在分别十年的朋友聚会上，我见到了最好的哥们——峰。现在的他非常风光，不但有车有房和美娇娘，而且还成立了以自己名字命名的广告公司。不过，只有我知道，在风光的背后，他吃过多少苦。

当初，峰还是个穷苦的农村娃，靠走街串巷摆地摊讨生活。不但要忍耐酷暑严寒的恶劣天气，还要时常被城管追得到处跑。生活的艰苦让他深知知识的重要性。一次，他偶然从广播中收听到电脑学校的招生广告，于是，只上过初中的18岁的他拿着摆地摊挣来的五千块钱，告别父母，去千里之外的异地求学。我和峰就是在电脑学校中相遇的。

我们同住一个寝室，当一些同学忙着玩，忙着谈恋爱时，峰却把所有的时间都用在了学习上。白天只要有空，他就会守在电脑机房里，抓住一切上机实践的机会。周末休息时他也不闲着，而是跑去图书馆看书抄书。夜晚，我们都进入梦乡时，他却躲在被窝里拿着手电筒看书，那种刻苦劲着实令人佩服。我问他为何如此努力学习，他认真地说："我文化底子薄，不笨鸟先飞不行。另外，家里条件也不好，还得靠我挣钱养家。我们农家孩子要么在家种田，要么就得出来打工。可如今，没有过硬的一技之长是很难挣到钱的。所以我没有后路，学好电脑是我唯一的出路，以后还得靠这个吃饭。"他说的一点没错，与他相比，因为我还有"退路"，可以回去继续上班，所以我学习并不是很刻苦，我们之间的电脑技术水平很快就显现出差距了。

毕业之后，他被学校推荐到上海一家广告公司工作。刚开始，从事的是最没技术含量，薪水最少的电脑勾图工作，说白了就是类似书法上的“描红”，照着底稿重新勾出图案就可以了。一些分配去的同学嫌薪水低纷纷跳槽了，唯有他留下来，仍傻傻地认真做工。时间不长，他的努力与忠厚就得到了设计主管的青睐，不但为他指明了以电脑室内设计为定位的职业方向，还手把手一点点传授他专业技能。

有了高人指点，加上自己的刻苦，还有广告装潢行业的外部发展机遇，峰设计水平迅速提高，薪水也直线上升。经过近十年的摸爬滚打，他已经在设圈子小有名气了。不满足的他，自己创办了公司，从打工者变成了老板。

当我问他成功的秘诀时，他郑重地说：“我始终把自己定位于陷入背水一的绝境，没了后路的依赖，唯有努力向前，才能闯出一条新路。”